기출!
나는 수능에
나오는 유형만
공부한다!

짱 쉬운 유형
미적분

新수능

이제부터 수준별, 유형별 기출문제로 대비한다!

수능에서 가장 쉬운 유형별 교재!

- 수능 4, 5등급을 목표로 하는 교재이다.
- 3등급을 목표로 하는 학생의 기본기를 점검하는 교재이다.

수능에서 가장 중요한 유형별 교재!

- 수능 2, 3등급을 목표로 하는 교재이다.
- 1등급을 목표로 하는 학생의 기본기를 점검하는 교재이다.

수능에서 가장 어려운 유형별 교재!

- 수능 1등급을 목표로 하는 교재이다.
- 만점을 목표로 하는 학생의 기본기를 점검하는 교재이다.

● **대표저자 :** 이창주(前 한영고, EBS·강남구청 강사, 7차 개정 교과서 집필위원)
● **연구 및 편집 :** 정준교, 구수해, 박상원, 전신영, 김기호, 김민규, 이상은

짱시리즈의 완결판!

짱 Final
실전모의고사

짱 시리즈는 연계가 아니라 적중입니다!!!

수능 문제지와
가장 유사한
난이도와 문제로 구성된
실전 모의고사 8회

EBS교재
연계 문항을 수록한
실전 모의고사 교재

황보현
검정고시

"단기간에 수학을 정복해야 하는 학생들에게 가장 적합한 교재"

6월 모의평가에서 20점대의 성적을 받아 마음이 다급해진 저에게 선생님께서 『짱 중요한 유형』을 추천해주셨습니다. 이 문제집은 기초와 실력을 차근차근 쌓기 좋은 문제집이라고 생각합니다.

저는 먼저 첫 단계인 기본문제를 모두 푼 다음 다시 처음 단원으로 돌아와 두 번째 단계를 푸는 방식으로 수학을 공부했습니다. 이렇게 하니 개념도 잊어버리지 않는 동시에 실력을 쌓을 수 있어서 유익했습니다. 문제집에서 어려운 문제나 틀린 문제들은 다시 보며 왜 몰랐는지, 왜 틀렸는지 원인을 살폈습니다. 그러다보니 수능 형식의 수학이 점점 익숙해졌고 저의 취약 단원도 알 수 있게 되어 그 단원을 집중해서 공부했습니다.

이후 9월 모의평가와 평가원 기출문제를 풀 때 『짱 중요한 유형』을 통해 익힌 패턴을 기억하며 문제를 집중해서 풀었더니 점수가 2~3배 오르기 시작하더니 11월 수능 점수는 매우 만족합니다. 『짱 중요한 유형』은 저처럼 단기간에 수학을 정복해야 하는 학생들에게 가장 적합한 교재라고 생각합니다. 뒤늦게 수학 공부를 시작하려고 해도 『짱 유형』 시리즈로 차근차근 공부하면 꽤 큰 성과를 얻을 수 있다는 것을 알려주고 싶습니다.

"수능의 문제 유형을 보는 눈을 길러주는 문제집"

『짱 유형 교재』를 알게 된 이후 저는 이전과는 다른 공부 방법을 가질 수 있었습니다. 먼저 각종 문제들이 유형별로 잘 정리되어 있는 『짱 유형 교재』의 특성상, 과하게 어렵거나 과하게 많은 문제들을 풀지 않아도 유형을 통해 공부하면서 문제를 보는 눈을 기를 수 있었습니다. 어려운 문제들만을 풀기에 급급했던 저는 기출 문제에 대한 풀이를 외우는 공부 방법을 선택했었지만 『짱 유형 교재』를 통해 유형들을 분석하는 시간을 가질 수 있었고 이를 적용하는 연습을 했습니다.

그 결과 새로운 문제가 나와도 당황하지 않고 문제를 풀 수 있었고 그 풀이 과정 또한 기억에 더 오래 남아 온전히 제 것으로 만들 수 있었습니다. 『짱 유형 교재』를 통해 저는 수능에서 수학 1등급을 받아 좋은 대학에 입학할 수 있게 되었습니다.

권혁진
서울 단대부고

송수민
군포 흥진고

"한 권만으로도 반복 학습을 할 수 있는 문제집"

수학 과목 중에서 저에게 늘 걸림돌이 되었던 과목은 확률과 통계였습니다. 특히 확률 부분을 어떻게 해결해야 할지 고민하던 찰나에 친구가 풀던 『짱 쉬운 유형 확장판』이라는 문제집을 알게 되었습니다.

단원별로 비슷한 유형의 문제를 충분히 풀어볼 수 있어서 유형 연습을 하는 데 안성맞춤이었습니다. EBS 강의로 개념을 숙지하고 부족한 유형 학습을 『짱 쉬운 유형 확장판』으로 탄탄하게 보충할 수 있었습니다. 문제집 제목처럼 학생들이 부담스럽지 않을 만한 2, 3점짜리 문제들로 여러 번 학습할 수 있게 구성되어 있어서 만족스러웠습니다.

6월 모의고사 때는 확률과 통계 파트에서 기초 계산을 빼고 대부분의 문제를 풀지 못했지만 문제집을 풀며 꾸준히 노력한 결과 수능에서 고난도 문항 1문제를 제외하고 모두 풀 수 있는 실력을 갖출 수 있었습니다. 반복적인 유형 학습으로 꾸준히 실력을 향상시킬 수 있는 최고의 문제집이라고 생각합니다.

짱 유형 교재 사용 후기를 공모 중입니다.
교재 뒷면을 참고하시어 많은 참여 바랍니다.

나는 수포자가 아니다!

이 책을 보는 순간 수포자의 길은 끝났습니다.

수학을 포기할 이유가 없습니다.

수학 영역 포기만 하지 않아도 5등급

조금만 더 노력하면 4등급

그 비밀이 이 책 속에 있습니다.

2024학년도 대학수학능력시험

📋 수학 I

1. $\sqrt[3]{24} \times 3^{\frac{2}{3}}$의 값은?

3. $\frac{3}{2}\pi < \theta < 2\pi$인 θ에 대하여 $\sin(-\theta) = \frac{1}{3}$일 때, $\tan\theta$의 값은?

6. 등비수열 $\{a_n\}$의 첫째항부터 제 n항까지의 합을 S_n이라 하자.
$$S_4 - S_2 = 3a_4,\ a_5 = \frac{3}{4}$$
일 때, $a_1 + a_2$의 값은?

16. 방정식 $3^{x-8} = \left(\frac{1}{27}\right)^x$을 만족시키는 실수 x의 값을 구하시오.

📋 수학 II

2. 함수 $f(x) = 2x^3 - 5x^2 + 3$에 대하여
$$\lim_{h \to 0} \frac{f(2+h) - f(2)}{h}$$의 값은?

5. 다항함수 $f(x)$가
$$f'(x) = 3x(x-2),\ f(1) = 6$$
을 만족시킬 때, $f(2)$의 값은?

7. 함수 $f(x) = \frac{1}{3}x^3 - 2x^2 - 12x + 4$가 $x = \alpha$에서 극대이고 $x = \beta$에서 극소일 때, $\beta - \alpha$의 값은? (단, α와 β는 상수이다.)

17. 함수 $f(x) = (x+1)(x^2+3)$에 대하여 $f'(1)$의 값을 구하시오.

📋 확률과 통계

23. 5개의 문자 x, x, y, y, z를 모두 일렬로 나열하는 경우의 수는?

📋 미적분

23. $\lim_{x \to 0} \dfrac{\ln(1+3x)}{\ln(1+5x)}$의 값은?

📋 기하

23. 좌표공간의 두 점 $A(a, -2, 6)$, $B(9, 2, b)$에 대하여 선분 AB의 중점의 좌표가 $(4, 0, 7)$일 때, $a+b$의 값은?

8문항만 풀 수 있어도 5등급 확보!

2023학년도 대학수학능력시험

수학 I

1. $\left(\dfrac{4}{2^{\sqrt{2}}}\right)^{2+\sqrt{2}}$ 의 값은?

3. 공비가 양수인 등비수열 $\{a_n\}$이
$$a_2+a_4=30, \quad a_4+a_6=\dfrac{15}{2}$$
를 만족시킬 때, a_1의 값은?

5. $\tan\theta<0$이고 $\cos\left(\dfrac{\pi}{2}+\theta\right)=\dfrac{\sqrt{5}}{5}$ 일 때, $\cos\theta$의 값은?

16. 방정식
$$\log_2(3x+2)=2+\log_2(x-2)$$
를 만족시키는 실수 x의 값을 구하시오.

수학 II

2. $\displaystyle\lim_{x\to\infty}\dfrac{\sqrt{x^2-2}+3x}{x+5}$ 의 값은?

4. 다항함수 $f(x)$에 대하여 함수 $g(x)$를
$$g(x)=x^2f(x)$$
라 하자. $f(2)=1$, $f'(2)=3$일 때, $g'(2)$의 값은?

6. 함수 $f(x)=2x^3-9x^2+ax+5$는 $x=1$에서 극대이고, $x=b$에서 극소이다. $a+b$의 값은? (단, a, b는 상수이다.)

17. 함수 $f(x)$에 대하여 $f'(x)=4x^3-2x$이고 $f(0)=3$일 때, $f(2)$의 값을 구하시오.

확률과 통계

23. 다항식 $(x^3+3)^5$의 전개식에서 x^9의 계수는?

미적분

23. $\displaystyle\lim_{x\to 0}\dfrac{\ln(x+1)}{\sqrt{x+4}-2}$ 의 값은?

기하

23. 좌표공간의 점 $A(2, 2, -1)$을 x축에 대하여 대칭이동한 점을 B라 하자. 점 $C(-2, 1, 1)$에 대하여 선분 BC의 길이는?

이 책의 구성과 특징
Structure

01 유형 분석

유형별로 수능에서 출제 빈도가 높은 내용이
나 문제의 형태를 정리하였습니다. 출제경향
을 분석하고 예상하여 제시함으로써 학습의
방향을 잡을 수 있습니다. 또, 이 유형에서 출
제의 핵심이 되는 내용을 제시하였습니다.

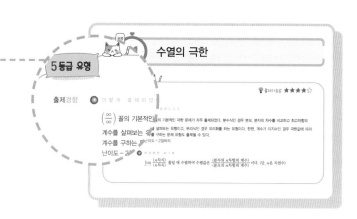

02 개념 확인

유형별 문제 해결에 필요한 필수 개념, 공식
등을 개념 확인을 통하여 점검할 수 있도록
하였습니다.

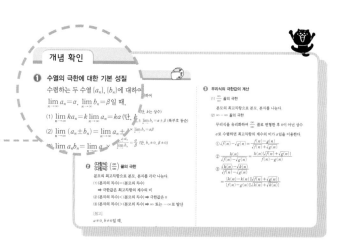

미적분

- **쉬운 유형 16개로 수능의 쉬운 문제를 완벽 마무리한다.**
  「짱 쉬운 유형」은 수능에 자주 출제되는 유형 중에서 쉬운 유형 16개로 구성된 교재입니다.

- **유형별 공략법에 대한 자신감을 갖게 한다.**
  「기본문제」, 「기출문제」, 「예상문제」의 3단계로 유형에 대한 충분한 연습을 통하여 자신감을 갖게 됩니다.

03 기본문제 다지기

유형별 문제를 해결하기 전단계로 기초적인 학습을 위하여 기본 개념을 이해할 수 있는 기초 문제 또는 공식을 적용하는 연습을 할 수 있는 문제를 제시하여 기출문제 해결의 바탕이 되도록 하였습니다.

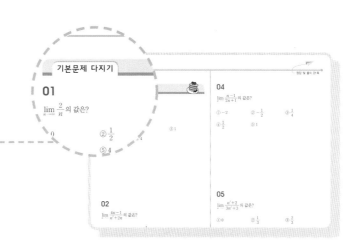

04 기출문제 맛보기

수능이나 모의평가에 출제되었던 문제들 중 유형에 해당되는 문제를 제시하여 유형별 문제에 대한 적응력을 기르고 수능 문제에 대한 두려움을 없앨 수 있도록 하였습니다.

※ 기출문제의 용어와 기호는 새 교육과정을 반영하여 수정하였습니다.

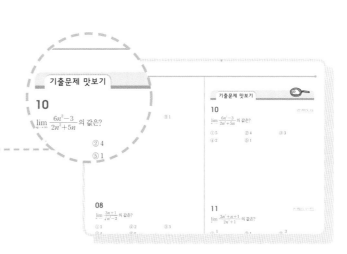

05 예상문제 도전하기

기본문제와 기출문제로 다져진 유형별 공략법을 기출문제와 유사한 문제로 실전 연습을 할 수 있도록 하였습니다.
또 약간 변형된 유형을 제시함으로써 수능 적응력을 기르도록 하였습니다.

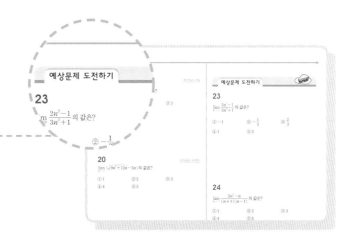

이 책의 차례
Contents

01 수열의 극한

💡 출제가능성 ★★★★☆

출제경향 ● 이 렇 게 출 제 되 었 다

$\left(\dfrac{\infty}{\infty}\right)$ 꼴의 기본적인 극한 문제가 자주 출제되었다. 분수식인 경우 분모, 분자의 차수를 비교하고 최고차항의 계수를 살펴보는 유형이고, 무리식인 경우 유리화를 하는 유형이다. 한편, 계수가 미지수인 경우 극한값에 따라 계수를 구하는 문제 유형도 출제될 수 있다.

난이도 – 2점짜리

출제핵심 ➡ 이 것 만 은 꼬 ~ 옥

$\displaystyle\lim_{n\to\infty}\dfrac{(n차식)}{(n차식)}$ 꼴일 때 수렴하며 수렴값은 $\dfrac{(분자의\ n차항의\ 계수)}{(분모의\ n차항의\ 계수)}$ 이다. (단, n은 자연수)

개념 확인

❶ 수열의 극한에 대한 기본 성질

수렴하는 두 수열 $\{a_n\}$, $\{b_n\}$에 대하여

$\displaystyle\lim_{n\to\infty} a_n=\alpha,\ \lim_{n\to\infty} b_n=\beta$일 때,

(1) $\displaystyle\lim_{n\to\infty} ka_n=k\lim_{n\to\infty} a_n=k\alpha$ (단, k는 상수)

(2) $\displaystyle\lim_{n\to\infty} (a_n\pm b_n)=\lim_{n\to\infty} a_n\pm\lim_{n\to\infty} b_n=\alpha\pm\beta$ (복부호 동순)

(3) $\displaystyle\lim_{n\to\infty} a_nb_n=\lim_{n\to\infty} a_n\times\lim_{n\to\infty} b_n=\alpha\beta$

(4) $\displaystyle\lim_{n\to\infty}\dfrac{a_n}{b_n}=\dfrac{\lim\limits_{n\to\infty} a_n}{\lim\limits_{n\to\infty} b_n}=\dfrac{\alpha}{\beta}$ (단, $b_n\neq0$, $\beta\neq0$)

❷ $\dfrac{(다항식)}{(다항식)}\left(\dfrac{\infty}{\infty}\right)$ 꼴의 극한

분모의 최고차항으로 분모, 분자를 각각 나눈다.

(1) (분자의 차수)=(분모의 차수)

　➡ 극한값은 최고차항의 계수의 비

(2) (분자의 차수)<(분모의 차수) ➡ 극한값은 0

(3) (분자의 차수)>(분모의 차수) ➡ ∞ 또는 $-\infty$로 발산

[참고]

$a\neq0$, $b\neq0$일 때,

(1) $\displaystyle\lim_{n\to\infty}\dfrac{bn+3}{an^2+3}=0$ 　　(2) $\displaystyle\lim_{n\to\infty}\dfrac{bn+3}{an+3}=\dfrac{b}{a}$

❸ 무리식의 극한값의 계산

(1) $\dfrac{\infty}{\infty}$ 꼴의 극한

분모의 최고차항으로 분모, 분자를 나눈다.

(2) $\infty-\infty$ 꼴의 극한

무리식을 유리화하여 $\dfrac{\infty}{\infty}$ 꼴로 변형한 후 0이 아닌 상수 α로 수렴하면 최고차항의 계수의 비가 α임을 이용한다.

① $\sqrt{f(n)}-\sqrt{g(n)}=\dfrac{f(n)-g(n)}{\sqrt{f(n)}+\sqrt{g(n)}}$

② $\dfrac{h(n)}{\sqrt{f(n)}-\sqrt{g(n)}}=\dfrac{h(n)\{\sqrt{f(n)}+\sqrt{g(n)}\}}{f(n)-g(n)}$

③ $\dfrac{\sqrt{h(n)}-\sqrt{k(n)}}{\sqrt{f(n)}-\sqrt{g(n)}}$

$=\dfrac{\{h(n)-k(n)\}\{\sqrt{f(n)}+\sqrt{g(n)}\}}{\{f(n)-g(n)\}\{\sqrt{h(n)}+\sqrt{k(n)}\}}$

기본문제 다지기

01

$\lim\limits_{n\to\infty}\dfrac{2}{n}$ 의 값은?

① 0   ② $\dfrac{1}{2}$ ③ 1

④ 2   ⑤ 4

02

$\lim\limits_{n\to\infty}\dfrac{4n-1}{n^2+2n}$ 의 값은?

① -1 ② $-\dfrac{1}{4}$ ③ 0

④ $\dfrac{1}{4}$ ⑤ 1

03

$\lim\limits_{n\to\infty}\dfrac{3n+1}{n-3}$ 의 값은?

① $\dfrac{1}{3}$ ② $\dfrac{1}{2}$ ③ 1

④ 2   ⑤ 3

04

$\lim\limits_{n\to\infty}\dfrac{n-1}{2n+1}$ 의 값은?

① -2 ② $-\dfrac{1}{2}$ ③ $\dfrac{1}{4}$

④ $\dfrac{1}{2}$ ⑤ 1

05

$\lim\limits_{n\to\infty}\dfrac{n^2+2}{3n^2+3}$ 의 값은?

① 0   ② $\dfrac{1}{3}$ ③ $\dfrac{2}{3}$

④ $\dfrac{3}{2}$ ⑤ 3

06

$\lim\limits_{n\to\infty}\dfrac{2n^2+1}{3n^2-5n}$ 의 값은?

① $\dfrac{1}{6}$ ② $\dfrac{1}{4}$ ③ $\dfrac{1}{3}$

④ $\dfrac{2}{3}$ ⑤ $\dfrac{3}{2}$

07

$\lim\limits_{n \to \infty} \dfrac{3}{\sqrt{n^2+1}}$ 의 값은?

① 0   ② $\dfrac{1}{3}$ ③ 1

④ $\dfrac{3}{2}$ ⑤ 3

08

$\lim\limits_{n \to \infty} \dfrac{3n+1}{\sqrt{n^2-2}}$ 의 값은?

① 1   ② 2   ③ 3

④ 4   ⑤ 5

09

$\lim\limits_{n \to \infty} (\sqrt{n^2+n}-n)$ 의 값은?

① 0   ② $\dfrac{1}{4}$ ③ $\dfrac{1}{3}$

④ $\dfrac{1}{2}$ ⑤ 1

기출문제 맛보기

10
2019학년도 수능

$\lim\limits_{n \to \infty} \dfrac{6n^2-3}{2n^2+5n}$ 의 값은?

① 5   ② 4   ③ 3

④ 2   ⑤ 1

11
2019학년도 모의평가

$\lim\limits_{n \to \infty} \dfrac{3n^2+n+1}{2n^2+1}$ 의 값은?

① $\dfrac{1}{2}$ ② 1   ③ $\dfrac{3}{2}$

④ 2   ⑤ $\dfrac{5}{2}$

12
2015학년도 모의평가

$\lim\limits_{n \to \infty} \dfrac{5n^3+1}{n^3+3}$ 의 값은?

① 1   ② 2   ③ 3

④ 4   ⑤ 5

13

2022학년도 수능

$\lim\limits_{n \to \infty} \dfrac{\dfrac{5}{n}+\dfrac{3}{n^2}}{\dfrac{1}{n}-\dfrac{2}{n^3}}$ 의 값은?

① 1　　　　② 2　　　　③ 3
④ 4　　　　⑤ 5

14

2021학년도 모의평가

$\lim\limits_{n \to \infty} \dfrac{(2n+1)^2-(2n-1)^2}{2n+5}$ 의 값은?

① 1　　　　② 2　　　　③ 3
④ 4　　　　⑤ 5

15

2013학년도 모의평가

두 상수 a, b에 대하여 $\lim\limits_{n \to \infty} \dfrac{an^2+bn+7}{3n+1}=4$일 때, $a+b$의 값을 구하시오.

16

2020학년도 수능

$\lim\limits_{n \to \infty} \dfrac{\sqrt{9n^2+4}}{5n-2}$ 의 값은?

① $\dfrac{1}{5}$　　　　② $\dfrac{2}{5}$　　　　③ $\dfrac{3}{5}$

④ $\dfrac{4}{5}$　　　　⑤ 1

17

2020학년도 모의평가

$\lim\limits_{n \to \infty} \dfrac{\sqrt{9n^2+4n+1}}{2n+5}$ 의 값은?

① $\dfrac{1}{2}$　　　　② 1　　　　③ $\dfrac{3}{2}$

④ 2　　　　⑤ $\dfrac{5}{2}$

18

2022학년도 모의평가

$\lim\limits_{n \to \infty} \dfrac{1}{\sqrt{n^2+n+1}-n}$ 의 값은?

① 1　　　　② 2　　　　③ 3
④ 4　　　　⑤ 5

19

2021학년도 수능

$\lim\limits_{n \to \infty} \dfrac{1}{\sqrt{4n^2+2n+1}-2n}$ 의 값은?

① 1   ② 2   ③ 3

④ 4   ⑤ 5

20

2021학년도 모의평가

$\lim\limits_{n \to \infty} (\sqrt{9n^2+12n}-3n)$ 의 값은?

① 1   ② 2   ③ 3

④ 4   ⑤ 5

21

2024학년도 모의평가

$\lim\limits_{n \to \infty} (\sqrt{n^2+9n}-\sqrt{n^2+4n})$ 의 값은?

① $\dfrac{1}{2}$ ② 1   ③ $\dfrac{3}{2}$

④ 2   ⑤ $\dfrac{5}{2}$

22

2023학년도 모의평가

$\lim\limits_{n \to \infty} \dfrac{1}{\sqrt{n^2+3n}-\sqrt{n^2+n}}$ 의 값은?

① 1   ② $\dfrac{3}{2}$ ③ 2

④ $\dfrac{5}{2}$ ⑤ 3

예상문제 도전하기

23

$\lim\limits_{n \to \infty} \dfrac{2n^2-1}{3n^2+1}$ 의 값은?

① -1 ② $-\dfrac{1}{3}$ ③ $\dfrac{2}{3}$

④ 1   ⑤ 2

24

$\lim\limits_{n \to \infty} \dfrac{2n^2-n}{(n+1)(n-1)}$ 의 값은?

① 1   ② 2   ③ 3

④ 4   ⑤ 5

25

$\lim\limits_{n \to \infty} \dfrac{3-\dfrac{1}{n^2}}{2-\dfrac{1}{n}+\dfrac{2}{n^2}}$ 의 값은?

① $-\dfrac{1}{2}$ ② 1   ③ $\dfrac{3}{2}$

④ 2   ⑤ 3

26

$\lim\limits_{n \to \infty} \dfrac{2n + \dfrac{5}{n^2}}{5n - \dfrac{2}{n}}$ 의 값은?

① $-\dfrac{5}{2}$ ② $-\dfrac{2}{5}$ ③ $\dfrac{2}{5}$

④ $\dfrac{7}{3}$ ⑤ $\dfrac{5}{2}$

27 U_p

$\lim\limits_{n \to \infty} \dfrac{an - 2}{n + 1} = -3$일 때, 상수 a의 값은?

① -6 ② -5 ③ -4

④ -3 ⑤ -2

28 U_p

수열 $\{a_n\}$에 대하여 첫째항부터 제n항까지의 합 S_n이

$S_n = n^2 + 2n$일 때, $\lim\limits_{n \to \infty} \dfrac{na_n}{S_n}$의 값은?

① 1 ② 2 ③ 3

④ 4 ⑤ 5

29

$\lim\limits_{n \to \infty} \dfrac{n - 2}{\sqrt{4n^2 + 1} - n}$ 의 값은?

① 0 ② $\dfrac{1}{4}$ ③ $\dfrac{1}{2}$

④ 1 ⑤ 2

30

$\lim\limits_{n \to \infty} \dfrac{\sqrt{n^2 + 2} - 2n}{n + 1}$ 의 값은?

① -2 ② -1 ③ 0

④ 1 ⑤ 2

31

$\lim\limits_{n \to \infty} (\sqrt{n^2 + 2n} - n)$의 값은?

① 1 ② 2 ③ 3

④ 4 ⑤ 5

02 등비수열의 극한과 극한의 성질

5등급 유형

출제가능성 ★★★★☆

출제경향 ● 이 렇 게 출 제 되 었 다

등비수열의 극한 문제는 대부분 $\dfrac{\infty}{\infty}$ 꼴로 출제된다. 최근에는 일반항 a_n을 포함하는 유형이 자주 출제됨에 유의

하자. 수능에서 **유형 01** 또는 **유형 02** 중에서 한 문항을 2점짜리로 출제하는 경향이다.

난이도 − 2, 3점짜리

출제핵심 ● 이 것 만 은 꼬 ~ 옥

1. (1) $r>1$일 때, $\lim\limits_{n\to\infty} r^n=\infty$ (발산)　　(2) $r=1$일 때, $\lim\limits_{n\to\infty} r^n=1$ (수렴)

　　(3) $-1<r<1$일 때, $\lim\limits_{n\to\infty} r^n=0$ (수렴)　　(4) $r\le-1$일 때, 수열 $\{r^n\}$은 진동 (발산)

2. (1) $\lim\limits_{n\to\infty}\dfrac{3}{5^n}=0$　　　　　　　　　(2) $\lim\limits_{n\to\infty}\dfrac{3^n}{5}=\infty$

　　(3) $\lim\limits_{n\to\infty}\dfrac{2^{n+1}}{2^n}=2$　　　　　　　(4) $\lim\limits_{n\to\infty}\dfrac{3^n}{3^{n+1}}=\dfrac{1}{3}$

개념 확인

❶ 수열의 극한에 대한 기본 성질

수렴하는 두 수열 $\{a_n\}$, $\{b_n\}$에 대하여

$\lim\limits_{n\to\infty} a_n=\alpha$, $\lim\limits_{n\to\infty} b_n=\beta$일 때,

(1) $\lim\limits_{n\to\infty} ka_n=k\lim\limits_{n\to\infty} a_n=k\alpha$ (단, k는 상수)

(2) $\lim\limits_{n\to\infty} (a_n\pm b_n)=\lim\limits_{n\to\infty} a_n\pm\lim\limits_{n\to\infty} b_n=\alpha\pm\beta$ (복부호 동순)

(3) $\lim\limits_{n\to\infty} a_nb_n=\lim\limits_{n\to\infty} a_n\times\lim\limits_{n\to\infty} b_n=\alpha\beta$

(4) $\lim\limits_{n\to\infty}\dfrac{a_n}{b_n}=\dfrac{\lim\limits_{n\to\infty} a_n}{\lim\limits_{n\to\infty} b_n}=\dfrac{\alpha}{\beta}$ (단, $b_n\ne0$, $\beta\ne0$)

❷ 등비수열의 수렴과 발산

등비수열 $\{r^n\}$에서

(1) $r>1$일 때, $\lim\limits_{n\to\infty} r^n=\infty$ (발산)

(2) $r=1$일 때, $\lim\limits_{n\to\infty} r^n=1$ (수렴)

(3) $-1<r<1$일 때, $\lim\limits_{n\to\infty} r^n=0$ (수렴)

(4) $r\le-1$일 때, 수열 $\{r^n\}$은 진동 (발산)

[참고] 등비수열의 수렴 조건

(1) 등비수열 $\{r^n\}$의 수렴 조건

　➡ $-1<r\le1$

(2) 등비수열 $\{ar^{n-1}\}$의 수렴 조건

　➡ $a=0$ 또는 $-1<r\le1$

[참고]

(1) $3^{2n}=(3^2)^n=9^n$　　(2) $\dfrac{2^n}{3^n}=\left(\dfrac{2}{3}\right)^n$

(3) $3^{n+1}=3\times3^n$　　(4) $3^{n-1}=3^{-1}\times3^n=\dfrac{3^n}{3}$

(5) $3^{-n}=\dfrac{1}{3^n}$

기본문제 다지기

01

$\lim\limits_{n \to \infty} \left\{ \left(\dfrac{2}{3} \right)^n + \left(\dfrac{1}{2} \right)^n \right\}$ 의 값은?

① 0 ② $\dfrac{1}{2}$ ③ $\dfrac{2}{3}$

④ $\dfrac{5}{6}$ ⑤ 1

02

$\lim\limits_{n \to \infty} \dfrac{2 \times 5^n}{5^n}$ 의 값은?

① $\dfrac{1}{5}$ ② $\dfrac{2}{5}$ ③ 1

④ 2 ⑤ 5

03

$\lim\limits_{n \to \infty} \dfrac{3^{n+1}}{3^n}$ 의 값은?

① $\dfrac{1}{9}$ ② $\dfrac{1}{3}$ ③ 1

④ 3 ⑤ 9

04

$\lim\limits_{n \to \infty} \dfrac{6 \times 2^n}{2^{n+1}}$ 의 값을 구하시오.

05

$\lim\limits_{n \to \infty} \dfrac{2^{n+1}+1}{2^n}$ 의 값은?

① 1 ② 2 ③ 3

④ 4 ⑤ 5

06

$\lim\limits_{n \to \infty} \dfrac{4^{n+1}+2^n}{4^n}$ 의 값은?

① $\dfrac{1}{4}$ ② $\dfrac{1}{2}$ ③ 1

④ 2 ⑤ 4

07

수열 $\{a_n\}$에 대하여 $\lim\limits_{n \to \infty} a_n = 4$일 때,

$\lim\limits_{n \to \infty} \dfrac{a_n 2^{n+1}}{2^n + 3}$의 값을 구하시오.

08

수열 $\{a_n\}$에 대하여 $\lim\limits_{n \to \infty} (2a_n + 3) = 15$일 때,

$\lim\limits_{n \to \infty} a_n$의 값은?

① 2   ② 4   ③ 6

④ 8   ⑤ 10

09

수열 $\{a_n\}$에 대하여 $\lim\limits_{n \to \infty} \dfrac{a_n}{3} = 4$일 때,

$\lim\limits_{n \to \infty} \dfrac{n a_n}{2n + 1}$의 값을 구하시오.

기출문제 맛보기

10

2016학년도 수능

$\lim\limits_{n \to \infty} \dfrac{3 \times 9^n - 13}{9^n}$의 값을 구하시오.

11

2018학년도 모의평가

$\lim\limits_{n \to \infty} \dfrac{4 \times 3^{n+1} + 1}{3^n}$의 값은?

① 8   ② 9   ③ 10

④ 11   ⑤ 12

12

2018학년도 수능

$\lim\limits_{n \to \infty} \dfrac{5^n - 3}{5^{n+1}}$의 값은?

① $\dfrac{1}{5}$ ② $\dfrac{1}{4}$ ③ $\dfrac{1}{3}$

④ $\dfrac{1}{2}$ ⑤ 1

13

2019학년도 모의평가

$\lim\limits_{n \to \infty} \dfrac{3 \times 4^n + 2^n}{4^n + 3}$ 의 값은?

① 1   ② 2   ③ 3

④ 4   ⑤ 5

14

2022학년도 모의평가

$\lim\limits_{n \to \infty} \dfrac{2 \times 3^{n+1} + 5}{3^n + 2^{n+1}}$ 의 값은?

① 2   ② 4   ③ 6

④ 8   ⑤ 10

15

2011학년도 수능

$\lim\limits_{n \to \infty} \dfrac{a \times 6^{n+1} - 5^n}{6^n + 5^n} = 4$ 일 때, 상수 a의 값은?

① $\dfrac{1}{3}$ ② $\dfrac{1}{2}$ ③ $\dfrac{2}{3}$

④ $\dfrac{4}{3}$ ⑤ $\dfrac{3}{2}$

16

2017학년도 모의평가

$\lim\limits_{n \to \infty} \left(2 + \dfrac{1}{3^n}\right)\left(a + \dfrac{1}{2^n}\right) = 10$ 일 때, 상수 a의 값은?

① 1   ② 2   ③ 3

④ 4   ⑤ 5

17

2015학년도 모의평가

첫째항이 3이고 공비가 3인 등비수열 $\{a_n\}$에 대하여

$\lim\limits_{n \to \infty} \dfrac{3^{n+1} - 7}{a_n}$ 의 값은?

① 1   ② 2   ③ 3

④ 4   ⑤ 5

18

2023학년도 수능

등비수열 $\{a_n\}$에 대하여 $\lim\limits_{n \to \infty} \dfrac{a_n + 1}{3^n + 2^{2n-1}} = 3$일 때, a_2의 값은?

① 16   ② 18   ③ 20

④ 22   ⑤ 24

19

2023학년도 모의평가

수열 $\{a_n\}$에 대하여 $\lim\limits_{n \to \infty} \dfrac{a_n + 2}{2} = 6$일 때,

$\lim\limits_{n \to \infty} \dfrac{na_n + 1}{a_n + 2n}$ 의 값은?

① 1   ② 2   ③ 3

④ 4   ⑤ 5

예상문제 도전하기

20

$\lim\limits_{n \to \infty} \dfrac{3 \times 5^{n+1} - 4}{5^n}$ 의 값을 구하시오.

21

$\lim\limits_{n \to \infty} \dfrac{2 \times 3^{n+1} + 1}{3^n - 2}$ 의 값은?

① 2   ② 3   ③ 5

④ 6   ⑤ 10

22

$\lim\limits_{n \to \infty} \dfrac{6 \times 3^{n+1} - 2^{n+1}}{3^n + 2^n}$ 의 값을 구하시오.

23

$\lim\limits_{n \to \infty} \dfrac{2^n - 5^{n+1}}{3^n + 5^n}$ 의 값은?

① -5 ② -1 ③ $\dfrac{1}{3}$

④ $\dfrac{2}{5}$ ⑤ $\dfrac{2}{3}$

24

$\lim\limits_{n \to \infty} \dfrac{2 \times 4^n + 3}{4^{n+1} + 2^n}$ 의 값은?

① $\dfrac{1}{2}$ ② 1   ③ $\dfrac{3}{2}$

④ 2   ⑤ $\dfrac{5}{2}$

25

$\lim\limits_{n \to \infty} \dfrac{6^n + 3^n}{(2^n + 1)(3^n + 1)}$ 의 값을 구하시오.

26

$\lim\limits_{n \to \infty} \dfrac{5^{n-1}}{5^n-3^n}$ 의 값은?

① $\dfrac{1}{5}$ ② $\dfrac{1}{3}$ ③ 1

④ 3   ⑤ 5

27 Up

$\lim\limits_{n \to \infty} \dfrac{8^{n+1}+3^{2n-2}}{3^{2n}-8^n}$ 의 값은?

① $\dfrac{1}{9}$ ② $\dfrac{1}{8}$ ③ 1

④ 8   ⑤ 9

28 Up

$\lim\limits_{n \to \infty} \dfrac{a \times 3^n + 1}{3^{n+1} + 2^n} = 2$를 만족시키는 상수 a의 값을 구하시오.

29 Up

$a_1 = 5$, $a_2 = 10$인 등비수열 $\{a_n\}$에 대하여 $\lim\limits_{n \to \infty} \dfrac{3 \times 2^{n+1} + 4}{a_n}$ 의 값은?

① 2   ② $\dfrac{11}{5}$ ③ $\dfrac{12}{5}$

④ $\dfrac{13}{5}$ ⑤ $\dfrac{14}{5}$

30

수열 $\{a_n\}$에 대하여 $\lim\limits_{n \to \infty} \dfrac{a_n - 3}{2} = 3$일 때, $\lim\limits_{n \to \infty} \dfrac{3^n + 2}{a_n 3^n}$ 의 값은?

① $\dfrac{1}{9}$ ② $\dfrac{1}{6}$ ③ $\dfrac{1}{3}$

④ $\dfrac{1}{2}$ ⑤ 1

31

수열 $\{a_n\}$에 대하여 $\lim\limits_{n \to \infty} \dfrac{12n^2 + 1}{n^2 a_n - 1} = 3$일 때, $\lim\limits_{n \to \infty} \dfrac{a_n 2^n + 2}{2^{n+1}}$ 의 값을 구하시오.

💡 출제가능성 ★★☆☆☆

출제경향 🔵 이 렇 게 출 제 되 었 다

예전에는 자주 출제되는 유형이었으나 최근에는 모의평가에만 출제되다가 2022 수능에 출제되었다. 대부분 주어진 식을 변형하여 급수를 구하는 유형인데 다양한 일반항을 구하여 급수의 합을 묻는 유형에 대한 연습이 필요하다. 특히, 급수가 수렴할 때 $\lim\limits_{n \to \infty}$ (일반항)=0임을 이용해야 하는 유형과 등비급수 유형을 많이 대비해 두자.

난이도 - 3점짜리

출제핵심 🔵 이 것 만 은 꼬 ～ 옥

1. 급수 $\sum\limits_{n=1}^{\infty} a_n$이 수렴하면 $\lim\limits_{n \to \infty} a_n = 0$이다.

2. $\lim\limits_{n \to \infty} a_n \neq 0$이면 급수 $\sum\limits_{n=1}^{\infty} a_n$은 발산한다.

3. 등비급수는 $|r| < 1$일 때, 수렴하고 그 합은 $\dfrac{a}{1-r}$이다.

개념 확인

1 급수와 부분합

(1) 수열 $\{a_n\}$의 각 항을 덧셈 기호 $+$로 연결한 식

$$a_1 + a_2 + a_3 + \cdots + a_n + \cdots$$

을 급수라 하고, 이것을 기호 $\sum$를 사용하여 $\sum\limits_{n=1}^{\infty} a_n$과 같이 나타낸다.

(2) 급수의 합 S: 부분합 S_n의 수열 S_1, S_2, S_3, $\cdots$에 대하여

$$S = \lim_{n \to \infty} S_n = \lim_{n \to \infty} \sum_{k=1}^{n} a_k$$

[참고] 부분분수 공식

(1) $\dfrac{1}{AB} = \dfrac{1}{B-A}\left(\dfrac{1}{A} - \dfrac{1}{B}\right)$

(2) $\dfrac{B}{A(A+B)} = \dfrac{1}{A} - \dfrac{1}{A+B}$

2 급수와 극한값 사이의 관계

(1) 급수 $\sum\limits_{n=1}^{\infty} a_n$이 수렴하면 $\lim\limits_{n \to \infty} a_n = 0$이다.

(2) $\lim\limits_{n \to \infty} a_n \neq 0$이면 급수 $\sum\limits_{n=1}^{\infty} a_n$은 발산한다.

3 급수의 성질

두 급수 $\sum\limits_{n=1}^{\infty} a_n$, $\sum\limits_{n=1}^{\infty} b_n$이 각각 수렴하면

(1) $\sum\limits_{n=1}^{\infty} ca_n = c \sum\limits_{n=1}^{\infty} a_n$ (단, c는 상수)

(2) $\sum\limits_{n=1}^{\infty} (a_n \pm b_n) = \sum\limits_{n=1}^{\infty} a_n \pm \sum\limits_{n=1}^{\infty} b_n$ (복부호 동순)

4 등비급수

(1) 등비수열 $\{ar^{n-1}\}$ $(a \neq 0)$으로 이루어진 급수

$$\sum_{n=1}^{\infty} ar^{n-1} = a + ar + ar^2 + \cdots + ar^{n-1} + \cdots$$

을 등비급수라고 한다.

(2) 등비급수 $\sum\limits_{n=1}^{\infty} ar^{n-1}$ $(a \neq 0)$에서

① $|r| < 1$일 때, 수렴하고 그 합은 $\dfrac{a}{1-r}$이다.

② $|r| \geq 1$일 때, 발산한다.

기본문제 다지기

01

첫째항이 a, 공비가 $\dfrac{1}{2}$인 등비수열 $\{a_n\}$에 대하여

$a_1+a_2+a_3+\cdots$의 값은?

① $\dfrac{a}{2}$ ② a ③ $2a$

④ $4a$ ⑤ a^2

02

첫째항이 4, 공비가 $\dfrac{1}{2}$인 등비수열 $\{a_n\}$에 대하여 $\displaystyle\sum_{n=1}^{\infty} a_n$의 값은?

① 2 ② 4 ③ 6

④ 8 ⑤ 10

03

일반항이 $a_n=6\times\left(\dfrac{1}{3}\right)^{n-1}$인 등비수열 $\{a_n\}$에 대하여 $\displaystyle\sum_{n=1}^{\infty} a_n$의 값은?

① 1 ② 3 ③ 5

④ 7 ⑤ 9

04

급수 $\displaystyle\sum_{n=1}^{\infty} \left(\dfrac{x}{3}\right)^n$이 수렴하도록 하는 모든 정수 x의 개수는?

① 1 ② 3 ③ 5

④ 7 ⑤ 9

05

수열 $\{a_n\}$에 대하여 $\displaystyle\sum_{n=1}^{\infty} a_n=3$일 때, $\displaystyle\lim_{n\to\infty} a_n$의 값은?

① 0 ② $\dfrac{1}{3}$ ③ 1

④ 2 ⑤ 3

06

수열 $\{a_n\}$에 대하여 $\displaystyle\sum_{n=1}^{\infty} (a_n-4)=8$일 때, $\displaystyle\lim_{n\to\infty} a_n$의 값은?

① 0 ② 2 ③ 4

④ 6 ⑤ 8

07

첫째항이 3, 공차가 2인 등차수열 $\{a_n\}$에 대하여 급수 $\sum\limits_{n=1}^{\infty}\left(\dfrac{kn}{a_n}-3\right)$이 수렴할 때, 상수 k의 값을 구하시오.

08

다음은 급수의 합을 구하는 과정이다. 상수 a의 값은?

$$\sum_{n=1}^{\infty}\frac{1}{n(n+1)}=\sum_{n=1}^{\infty}\left(\frac{1}{n}-\frac{1}{n+1}\right)$$
$$=\left(1-\frac{1}{2}\right)+\left(\frac{1}{2}-\frac{1}{3}\right)+\left(\frac{1}{3}-\frac{1}{4}\right)+\cdots$$
$$=a$$

① $\dfrac{1}{2}$ ② 1 ③ $\dfrac{3}{2}$

④ 2 ⑤ $\dfrac{5}{2}$

09

등비수열 $\{a_n\}$에 대하여 $\lim\limits_{n\to\infty}\dfrac{4^n}{a_n-2^n}=4$일 때, a_3의 값은?

① 4 ② 8 ③ 16

④ 32 ⑤ 64

기출문제 맛보기

10
2008학년도 모의평가

첫째항이 12, 공비가 $\dfrac{1}{3}$인 등비수열 $\{a_n\}$에 대하여 $\sum\limits_{n=1}^{\infty}a_n$의 값을 구하시오.

11
2009학년도 모의평가

공비가 $\dfrac{1}{5}$인 등비수열 $\{a_n\}$에 대하여 $\sum\limits_{n=1}^{\infty}a_n=15$일 때, 첫째항 a_1의 값을 구하시오.

12
2019학년도 모의평가

급수 $\sum\limits_{n=1}^{\infty}\left(\dfrac{x}{5}\right)^n$이 수렴하도록 하는 모든 정수 x의 개수는?

① 1 ② 3 ③ 5

④ 7 ⑤ 9

13

2015학년도 모의평가

수열 $\{a_n\}$에 대하여 급수 $\sum\limits_{n=1}^{\infty}\left(a_n-\dfrac{5n}{n+1}\right)$이 수렴할 때,

$\lim\limits_{n\to\infty}a_n$의 값을 구하시오.

14

2023학년도 모의평가

첫째항이 4인 등차수열 $\{a_n\}$에 대하여 급수

$$\sum_{n=1}^{\infty}\left(\dfrac{a_n}{n}-\dfrac{3n+7}{n+2}\right)$$

이 실수 S에 수렴할 때, S의 값은?

① $\dfrac{1}{2}$ ② 1 ③ $\dfrac{3}{2}$

④ 2 ⑤ $\dfrac{5}{2}$

15

2020학년도 모의평가

수열 $\{a_n\}$이 $\sum\limits_{n=1}^{\infty}(2a_n-3)=2$를 만족시킨다.

$\lim\limits_{n\to\infty}a_n=r$일 때, $\lim\limits_{n\to\infty}\dfrac{r^{n+2}-1}{r^n+1}$의 값은?

① $\dfrac{7}{4}$ ② 2 ③ $\dfrac{9}{4}$

④ $\dfrac{5}{2}$ ⑤ $\dfrac{11}{4}$

16

2021학년도 모의평가

수열 $\{a_n\}$에 대하여 $\sum\limits_{n=1}^{\infty}\dfrac{a_n}{n}=10$일 때, $\lim\limits_{n\to\infty}\dfrac{a_n+2a_n^2+3n^2}{a_n^2+n^2}$의

값은?

① 3 ② $\dfrac{7}{2}$ ③ 4

④ $\dfrac{9}{2}$ ⑤ 5

17

2015학년도 모의평가

공비가 양수인 등비수열 $\{a_n\}$이

$$a_1+a_2=20,\ \sum_{n=3}^{\infty}a_n=\dfrac{4}{3}$$

를 만족시킬 때, a_1의 값을 구하시오.

18

2021학년도 모의평가

등비수열 $\{a_n\}$에 대하여 $\lim\limits_{n\to\infty}\dfrac{3^n}{a_n+2^n}=6$일 때,

$\sum\limits_{n=1}^{\infty}\dfrac{1}{a_n}$의 값은?

① 1 ② 2 ③ 3

④ 4 ⑤ 5

19

2022학년도 수능

등비수열 $\{a_n\}$에 대하여

$$\sum_{n=1}^{\infty}(a_{2n-1}-a_{2n})=3, \quad \sum_{n=1}^{\infty}a_n^2=6$$

일 때, $\sum_{n=1}^{\infty}a_n$의 값은?

① 1   ② 2   ③ 3

④ 4   ⑤ 5

20

2024학년도 모의평가

공차가 양수인 등차수열 $\{a_n\}$과 등비수열 $\{b_n\}$에 대하여
$a_1=b_1=1$, $a_2b_2=1$이고

$$\sum_{n=1}^{\infty}\left(\frac{1}{a_na_{n+1}}+b_n\right)=2$$

일 때, $\sum_{n=1}^{\infty}b_n$의 값은?

① $\frac{7}{6}$ ② $\frac{6}{5}$ ③ $\frac{5}{4}$

④ $\frac{4}{3}$ ⑤ $\frac{3}{2}$

21

2021학년도 모의평가

$\sum_{n=1}^{\infty}\dfrac{2}{n(n+2)}$의 값은?

① 1   ② $\frac{3}{2}$ ③ 2

④ $\frac{5}{2}$ ⑤ 3

예상문제 도전하기

22

등비급수 $\sum_{n=1}^{\infty}5\left(\dfrac{3}{4}\right)^{n-1}$의 값은?

① 5   ② 10   ③ 15

④ 20   ⑤ 25

23

첫째항이 a, 공비가 $\dfrac{1}{4}$인 등비수열 $\{a_n\}$에 대하여
$\sum_{n=1}^{\infty}a_n=16$일 때, 상수 a의 값을 구하시오.

24

등비수열 $\{a_n\}$에 대하여 $a_2=12$, $a_3=8$일 때, $\sum_{n=1}^{\infty}a_n$의 값은?

① 30   ② 36   ③ 42

④ 48   ⑤ 54

25

$a_2=12$, $a_3=2x$인 등비수열 $\{a_n\}$에 대하여 급수 $\sum\limits_{n=1}^{\infty} a_n$이 수렴하도록 하는 모든 정수 x의 개수를 구하시오.

26

수열 $\{a_n\}$에 대하여 급수 $\sum\limits_{n=1}^{\infty}\left(a_n - \dfrac{3n-1}{2n+1}\right)$이 수렴할 때, $\lim\limits_{n\to\infty} a_n$의 값은?

① 0   ② $\dfrac{1}{2}$ ③ $\dfrac{2}{3}$

④ 1   ⑤ $\dfrac{3}{2}$

27

첫째항이 1인 등차수열 $\{a_n\}$에 대하여 급수

$$\sum_{n=1}^{\infty}\left(\frac{a_n}{n+1} - \frac{5n+1}{n+2}\right)$$

이 실수 S에 수렴할 때, S의 값은?

① $-\dfrac{21}{2}$ ② $-\dfrac{27}{4}$ ③ $-\dfrac{9}{2}$

④ $\dfrac{9}{2}$ ⑤ $\dfrac{27}{4}$

28

$\sum\limits_{n=1}^{\infty} a_n = 3$일 때, $\lim\limits_{n\to\infty} \dfrac{2a_n - 3}{a_n + 1}$의 값은?

① -3 ② -2 ③ -1

④ 0   ⑤ 1

29

수열 $\{a_n\}$이 $\sum\limits_{n=1}^{\infty}(a_n-3)=5$를 만족시킨다.

$\lim\limits_{n\to\infty} a_n = r$일 때, $\sum\limits_{n=1}^{\infty} \dfrac{1}{r^n}$의 값은?

① $\dfrac{1}{4}$ ② $\dfrac{1}{2}$ ③ 1

④ 2   ⑤ 4

30

$\sum\limits_{n=1}^{\infty} \dfrac{10}{n(n+1)}$의 값은?

① 1   ② 5   ③ 10

④ 15   ⑤ 20

04 지수함수와 로그함수의 극한

5등급 유형

💡 출제가능성 ★★★★☆

출제경향 ➡ 이 렇 게 출 제 되 었 다

지금까지 모의평가와 수능시험에 자주 나왔던 내용이다. 2점짜리로 출제가 예상되지만 최근에는 수열의 극한이 많이 나오는 경향이다. 하지만 중요한 내용이고 언제든지 출제 가능하므로 충분히 연습해서 대비하자.
난이도 – 2, 3점짜리

출제핵심 ➡ 이 것 만 은 꼬 ～ 옥

1. $\lim_{x \to 0} (1+x)^{\frac{1}{x}} = e$, $\lim_{x \to \infty} \left(1 + \frac{1}{x}\right)^x = e$ (단, $e = 2.7182\cdots$)

2. $\lim_{x \to 0} \dfrac{\ln(1+x)}{x} = 1$

3. $\lim_{x \to 0} \dfrac{e^x - 1}{x} = 1$

개념 확인

❶ 지수함수 $y = a^x (a > 0, a \neq 1)$의 극한

(1) $a > 1$일 때,
$$\lim_{x \to \infty} a^x = \infty, \quad \lim_{x \to -\infty} a^x = 0$$

(2) $0 < a < 1$일 때,
$$\lim_{x \to \infty} a^x = 0, \quad \lim_{x \to -\infty} a^x = \infty$$

❷ 로그함수 $y = \log_a x (a > 0, a \neq 1)$의 극한

(1) $a > 1$일 때,
$$\lim_{x \to \infty} \log_a x = \infty, \quad \lim_{x \to 0+} \log_a x = -\infty$$

(2) $0 < a < 1$일 때,
$$\lim_{x \to \infty} \log_a x = -\infty, \quad \lim_{x \to 0+} \log_a x = \infty$$

❸ 무리수 e와 자연로그

(1) $\lim_{x \to 0} (1+x)^{\frac{1}{x}} = e$, $\lim_{x \to \infty} \left(1 + \frac{1}{x}\right)^x = e$ (단, $e = 2.7182\cdots$)

(2) 무리수 e를 밑으로 하는 $\log_e x$를 x의 자연로그라 하고,
$$\log_e x = \ln x \ (단, \ e = 2.7182\cdots)$$
와 같이 나타낸다.

(3) 무리수 e를 밑으로 하는 지수함수를 $y = e^x$으로 나타낸다.

❹ 무리수 e를 이용한 지수함수, 로그함수의 극한의 성질

(1) $\lim_{x \to 0} \dfrac{\ln(1+x)}{x} = 1$

(2) $\lim_{x \to 0} \dfrac{e^x - 1}{x} = 1$

(3) $\lim_{x \to 0} \dfrac{a^x - 1}{x} = \ln a$

기본문제 다지기

01

다음 극한값을 구하시오.

(1) $\lim\limits_{x \to \infty} \left(\dfrac{1}{3}\right)^x$

(2) $\lim\limits_{x \to \infty} \dfrac{3^x}{5^x}$

(3) $\lim\limits_{x \to 1} \dfrac{3^x}{3^x - 2^x}$

(4) $\lim\limits_{x \to 3} \log_2 (x+5)$

(5) $\lim\limits_{x \to 2} \log_3 \dfrac{x^2 + 5x - 14}{x-2}$

02

$\lim\limits_{x \to 0} (1+x)^{\frac{2}{x}} = \lim\limits_{x \to 0} \{(1+x)^{\frac{1}{x}}\}^a = e^b$일 때, 두 상수 a, b의 합 $a+b$의 값은?

① 1   ② 2   ③ 3

④ 4   ⑤ 5

03

$\lim\limits_{x \to \infty} \left(1+\dfrac{1}{x}\right)^{3x} = \lim\limits_{x \to \infty} \left\{\left(1+\dfrac{1}{x}\right)^x\right\}^a = e^b$일 때, 두 상수 a, b의 합 $a+b$의 값은?

① 2   ② 4   ③ 6

④ 8   ⑤ 10

04

$\lim\limits_{x \to \infty} \left(1+\dfrac{1}{x}\right)^{-2x}$의 값은?

① $\dfrac{1}{e^2}$ ② $\dfrac{1}{e}$ ③ 1

④ e ⑤ e^2

05

$\lim\limits_{x \to 0} (1+2x)^{\frac{3}{x}}$의 값은?

① e ② $2e$ ③ e^2

④ e^3 ⑤ e^6

06

$\lim\limits_{x \to \infty} \left(1 + \dfrac{2}{x}\right)^{\frac{x}{3}}$ 의 값은?

① $e^{\frac{1}{3}}$ ② $e^{\frac{1}{2}}$ ③ $e^{\frac{2}{3}}$

④ e ⑤ e^2

07

$\lim\limits_{x \to 0} \dfrac{\ln(1+x)}{2x}$ 의 값은?

① 1 ② 2 ③ 3

④ $\dfrac{1}{2}$ ⑤ $\dfrac{1}{3}$

08

$\lim\limits_{x \to \infty} x \ln\left(1 + \dfrac{1}{x}\right)^2$ 의 값은?

① $\dfrac{1}{2}$ ② 1 ③ 2

④ $\dfrac{e}{2}$ ⑤ $2e$

09

$\lim\limits_{x \to 0} \dfrac{e^x - 1}{3x}$ 의 값은?

① $\dfrac{1}{3}$ ② 1 ③ 3

④ $\dfrac{e}{3}$ ⑤ $3e$

10

$\lim\limits_{x \to 0} \dfrac{e^{2x} - 1}{x}$ 의 값은?

① $\dfrac{1}{3}$ ② $\dfrac{1}{2}$ ③ 1

④ 2 ⑤ 3

11

$\lim\limits_{x \to 0} \dfrac{3^x - 1}{x}$ 의 값은?

① $\dfrac{1}{3}$ ② $3e$ ③ e^3

④ $\ln \dfrac{1}{3}$ ⑤ $\ln 3$

12

2015학년도 수능

$\lim\limits_{x \to 0} \dfrac{\ln(1+x)}{3x}$의 값은?

① 1　　　　② $\dfrac{1}{2}$　　　　③ $\dfrac{1}{3}$

④ $\dfrac{1}{4}$　　　　⑤ $\dfrac{1}{5}$

13

2018학년도 모의평가

$\lim\limits_{x \to 0} \dfrac{\ln(1+3x)}{x}$의 값은?

① 1　　　　② 2　　　　③ 3

④ 4　　　　⑤ 5

14

2019학년도 모의평가

$\lim\limits_{x \to 0} \dfrac{\ln(1+12x)}{3x}$의 값은?

① 1　　　　② 2　　　　③ 3

④ 4　　　　⑤ 5

15

2019학년도 수능

$\lim\limits_{x \to 0} \dfrac{x^2+5x}{\ln(1+3x)}$의 값은?

① $\dfrac{7}{3}$　　　　② 2　　　　③ $\dfrac{5}{3}$

④ $\dfrac{4}{3}$　　　　⑤ 1

16

2023학년도 수능

$\lim\limits_{x \to 0} \dfrac{\ln(x+1)}{\sqrt{x+4}-2}$의 값은?

① 1　　　　② 2　　　　③ 3

④ 4　　　　⑤ 5

17

2024학년도 수능

$\lim\limits_{x \to 0} \dfrac{\ln(1+3x)}{\ln(1+5x)}$의 값은?

① $\dfrac{1}{5}$　　　　② $\dfrac{2}{5}$　　　　③ $\dfrac{3}{5}$

④ $\dfrac{4}{5}$　　　　⑤ 1

18

2017학년도 모의평가

$\lim\limits_{x \to 0} \dfrac{e^{5x}-1}{3x}$ 의 값은?

① $\dfrac{4}{3}$ 　　② $\dfrac{5}{3}$ 　　③ 2

④ $\dfrac{7}{3}$ 　　⑤ $\dfrac{8}{3}$

19

2014학년도 모의평가

$\lim\limits_{x \to 0} \dfrac{e^{2x}+10x-1}{x}$ 의 값을 구하시오.

20

2020학년도 모의평가

$\lim\limits_{x \to 0} \dfrac{e^{6x}-e^{4x}}{2x}$ 의 값은?

① 1 　　② 2 　　③ 3

④ 4 　　⑤ 5

21

2020학년도 수능

$\lim\limits_{x \to 0} \dfrac{6x}{e^{4x}-e^{2x}}$ 의 값은?

① 1 　　② 2 　　③ 3

④ 4 　　⑤ 5

22

2019학년도 모의평가

$\lim\limits_{x \to 0} \dfrac{e^{x}-1}{x(x^2+2)}$ 의 값은?

① 1 　　② $\dfrac{1}{2}$ 　　③ $\dfrac{1}{3}$

④ $\dfrac{1}{4}$ 　　⑤ $\dfrac{1}{5}$

23

2024학년도 모의평가

$\lim\limits_{x \to 0} \dfrac{e^{7x}-1}{e^{2x}-1}$ 의 값은?

① $\dfrac{1}{2}$ 　　② $\dfrac{3}{2}$ 　　③ $\dfrac{5}{2}$

④ $\dfrac{7}{2}$ 　　⑤ $\dfrac{9}{2}$

24

2023학년도 모의평가

$\lim\limits_{x \to 0} \dfrac{4^x - 2^x}{x}$ 의 값은?

① $\ln 2$ ② 1 ③ $2\ln 2$

④ 2 ⑤ $3\ln 2$

25

2024학년도 모의평가

$\lim\limits_{x \to 0} \dfrac{2^{ax+b} - 8}{2^{bx} - 1} = 16$ 일 때, $a+b$의 값은?

(단, a와 b는 0이 아닌 상수이다.)

① 9 ② 10 ③ 11

④ 12 ⑤ 13

26

2018학년도 수능

$\lim\limits_{x \to 0} \dfrac{\ln(1+5x)}{e^{2x} - 1}$ 의 값은?

① 1 ② $\dfrac{3}{2}$ ③ 2

④ $\dfrac{5}{2}$ ⑤ 3

27

2017학년도 수능

$\lim\limits_{x \to 0} \dfrac{e^{6x} - 1}{\ln(1+3x)}$ 의 값은?

① 1 ② 2 ③ 3

④ 4 ⑤ 5

정답 및 풀이 11쪽

예상문제 도전하기

28

$\lim\limits_{x \to 0} \dfrac{\ln(1-3x)}{x}$ 의 값은?

① -3 ② -2 ③ 0

④ 1 ⑤ 2

29

$\lim\limits_{x \to 0} \dfrac{x^2 - 6x}{\ln(1+2x)}$ 의 값은?

① -6 ② -5 ③ -4

④ -3 ⑤ -2

30

$\lim\limits_{x \to 0} \dfrac{e^{4x} - 1}{3x}$ 의 값은?

① $\dfrac{2}{3}$ ② $\dfrac{4}{3}$ ③ 1

④ $\dfrac{3}{4}$ ⑤ $\dfrac{1}{3}$

31

$\lim\limits_{x \to 0} \dfrac{e^x - 1}{x^2 + x}$ 의 값은?

① $\dfrac{1}{2}$ ② 1 ③ $\dfrac{e}{2}$

④ 2 ⑤ e

정답 및 풀이 12쪽

32

$\lim\limits_{x \to 0} \dfrac{e^x-1}{e^{3x}-1}$ 의 값은?

① 1 ② $\dfrac{2}{3}$ ③ $\dfrac{1}{2}$

④ $\dfrac{1}{3}$ ⑤ $\dfrac{1}{6}$

33

$\lim\limits_{x \to 0} \dfrac{e^{5x}+e^x-2}{2x}$ 의 값은?

① $\dfrac{3}{2}$ ② 2 ③ $\dfrac{5}{2}$

④ 3 ⑤ $\dfrac{7}{2}$

34

$\lim\limits_{x \to 0} \dfrac{e^{6x}-e^{3x}+2x}{x}$ 의 값은?

① 1 ② 2 ③ 3

④ 4 ⑤ 5

35

$\lim\limits_{x \to 0} \dfrac{8^x-2^x}{x}$ 의 값은?

① $\ln 2$ ② $\ln 3$ ③ $\ln 4$

④ $\ln 6$ ⑤ $\ln 8$

36

$\lim\limits_{x \to 0} \dfrac{\ln(1+4x)}{e^{2x}-1}$ 의 값은?

① $\dfrac{1}{4}$ ② $\dfrac{1}{2}$ ③ 1

④ 2 ⑤ 4

37

함수 $f(x)=\begin{cases} \dfrac{\ln(2x-a)}{x-1} & (x \neq 1) \\ b & (x=1) \end{cases}$ 가 $x=1$에서 연속일

때, 두 상수 a, b의 합 $a+b$의 값을 구하시오.

미적분학의 창시자는?

미분과 적분학이 연구되면서 함수의 최대ㆍ최소, 함수의 개형, 넓이 등 수학은 많은 발전을 이루었고 자연과학, 사회과학 등 다른 분야의 발전에도 많은 공헌을 하였다. 그 중에서 함수 $f(x)$의 도함수를 우리는 $f'(x)$, y', $\dfrac{dy}{dx}$, $\dfrac{d}{dx}f(x)$로 자세히 살펴보면 $'$(prime)과 d(무한소 개념)의 두 가지 기호로 나누어 사용되는 것을 볼 수 있는데, 같은 내용을 왜 두 가지 기호로 사용하고 있을까?

수학의 역사에서 살펴보면 알 수 있다. 17세기 독일의 수학자 라이프니츠가 "분수에도 무리수에도, 장애 없이 적용할 수 있는, 극대와 극소. 또한 접선에 대한 새로운 방법, 그리고 그것을 위한 특이한 계산법"이라는 다소 긴 제목의 미분법에 관한 논문을 발표하였다. 이 논문으로 미분에 대한 기본적인 개념을 설명한 라이프니츠는 많은 칭송을 받았다.
그런데 영국의 수학자 뉴턴이 갑자기 라이프니츠를 비난했다.

"라이프니츠는 도둑놈이다!"

뉴턴은 타원이 회전할 때 순간의 속도를 유율(流率)이라 정의하였는데 이는 곧 미분의 개념이다. 이러한 개념을 주변 수학자들에게 알려주기만 하고 발표를 미루고 있었는데 라이프니츠가 자신이 발견한 것을 먼저 발표하자 라이프니츠를 비난하기 시작했던 것이다.

그러던 중 유럽의 가장 권위 있는 영국왕립학회에서 표절 시비를 밝히기 위해 조사단을 결성한다.
조사단의 조사결과 뉴턴이 미분법을 먼저 발견하였고 라이프니츠가 표절하였다고 밝혔다.이에 라이프니츠는 반박하였지만 비난과 조롱이 심해졌고 이러한 논쟁으로 영국 학회와 독일 학회 간의 싸움으로 인하여 양국간의 학문적 교류가 중단되었다.(아이러니하게 당시 영국왕립학회 회장은 뉴턴이었다.)

오늘날에는 두 사람이 독립적으로 비슷한 시기에 미적분을 창시하였다고 인정하고 있다.그래서 뉴턴이 창안한 기호 $'$(prime)과 라이프니츠가 창안한 기호 d(무한소 개념)을 모두 사용하고 있다.

두 기호의 차이
뉴턴의 기호 $'$(prime)은 주로 y'의 형태로 많이 쓰이는데, 표기의 편의성만 있다.

라이프니츠의 기호 d(무한소 개념)는 $\dfrac{dy}{dx}$의 분수형태로 많이 쓰이며 합성함수의 미분,

역함수의 미분 등 수학적으로도 많은 유용성을 가지고 있다.

삼각함수의 덧셈정리와 극한

💡 출제가능성 ★★☆☆☆

출제경향 ● 이렇게 출제되었다

삼각함수 사이의 관계, 삼각함수의 덧셈정리 등을 중심으로 학습하자. 이 유형은 삼각함수의 기본이므로 출제된다면 간단한 정의를 묻는 유형의 출제가 예상되지만 계속해서 도형에의 응용으로 출제되고 있다. 이 내용은 「짱 중요한」에서 공부하기로 하자.
난이도 – 3점짜리

출제핵심 ● 이것만은 꼬~옥

(1) 각 θ를 나타내는 동경과 원점을 중심으로 하고 반지름의 길이가 r인 원의 교점을 (x, y)라 하면

$$\csc \theta = \frac{r}{y} \ (y \neq 0), \ \sec \theta = \frac{r}{x} \ (x \neq 0), \ \cot \theta = \frac{x}{y} \ (y \neq 0)$$

(2) $\lim\limits_{x \to 0} \dfrac{\sin x}{x} = 1, \ \lim\limits_{x \to 0} \dfrac{\tan x}{x} = 1$

개념 확인

① 삼각함수

각 θ를 나타내는 동경과 원점을 중심으로 하고 반지름의 길이가 r인 원의 교점을 (x, y)라 하면

(1) $\csc \theta = \dfrac{r}{y} \ (y \neq 0)$　　　(2) $\sec \theta = \dfrac{r}{x} \ (x \neq 0)$

(3) $\cot \theta = \dfrac{x}{y} \ (y \neq 0)$

② 삼각함수 사이의 관계

(1) $\csc \theta = \dfrac{1}{\sin \theta}, \ \sec \theta = \dfrac{1}{\cos \theta}, \ \cot \theta = \dfrac{1}{\tan \theta}$

(2) $1 + \tan^2 \theta = \sec^2 \theta$

(3) $1 + \cot^2 \theta = \csc^2 \theta$

③ 삼각함수의 덧셈정리

(1) $\sin(\alpha \pm \beta) = \sin \alpha \cos \beta \pm \cos \alpha \sin \beta$ (복부호 동순)

(2) $\cos(\alpha \pm \beta) = \cos \alpha \cos \beta \mp \sin \alpha \sin \beta$ (복부호 동순)

(3) $\tan(\alpha \pm \beta) = \dfrac{\tan \alpha \pm \tan \beta}{1 \mp \tan \alpha \tan \beta}$ (복부호 동순)

④ 함수 $\dfrac{\sin x}{x}, \dfrac{\tan x}{x}$의 극한

x의 단위가 라디안일 때

(1) $\lim\limits_{x \to 0} \dfrac{\sin x}{x} = 1, \ \lim\limits_{x \to 0} \dfrac{x}{\sin x} = 1$

(2) $\lim\limits_{x \to 0} \dfrac{\tan x}{x} = 1, \ \lim\limits_{x \to 0} \dfrac{x}{\tan x} = 1$

(3) $\lim\limits_{x \to 0} \dfrac{\sin bx}{ax} = \lim\limits_{x \to 0} \dfrac{\sin bx}{bx} \times \dfrac{b}{a} = \dfrac{b}{a}$ (단, $ab \neq 0$)

(4) $\lim\limits_{x \to 0} \dfrac{\tan bx}{ax} = \lim\limits_{x \to 0} \dfrac{\tan bx}{bx} \times \dfrac{b}{a} = \dfrac{b}{a}$ (단, $ab \neq 0$)

[참고] $\lim\limits_{x \to 0} \dfrac{\cos x}{x}$의 값

(1) $\lim\limits_{x \to 0} \dfrac{\cos x}{x}$: 발산　　　(2) $\lim\limits_{x \to 0} \dfrac{x}{\cos x} = \dfrac{0}{1} = 0$

⑤ $\lim\limits_{x \to 0} \dfrac{1 - \cos kx}{x}$ 꼴의 극한

$1 - \cos kx$ 꼴이 있으면 분자, 분모에 각각 $1 + \cos kx$를 곱하여 $1 - \cos^2 kx = \sin^2 kx$임을 이용한다.

기본문제 다지기

01

$\sin \theta = \dfrac{1}{3}$ 일 때, $\cos^2\theta + \cot^2\theta$의 값은?

① $\dfrac{76}{9}$　　② $\dfrac{80}{9}$　　③ $\dfrac{84}{9}$

④ $\dfrac{88}{9}$　　⑤ $\dfrac{92}{9}$

02

$\sin \theta - \cos \theta = \dfrac{1}{2}$ 일 때, $\sec \theta \csc \theta$의 값은?

① $\dfrac{8}{5}$　　② 2　　③ $\dfrac{8}{3}$

④ 4　　⑤ 8

03

$\sin(\alpha+\beta) = \dfrac{7}{9}$, $\sin \alpha \cos \beta = \dfrac{5}{9}$ 일 때,

$\cos \alpha \sin \beta$의 값은?

① $-\dfrac{2}{9}$　　② $-\dfrac{1}{9}$　　③ $\dfrac{1}{9}$

④ $\dfrac{2}{9}$　　⑤ $\dfrac{1}{3}$

04

$\sin \alpha = \dfrac{1}{3}$ 일 때, $\sin\left(\dfrac{\pi}{6}-\alpha\right)$의 값은? $\left($단, $0<\alpha<\dfrac{\pi}{2}\right)$

① $\dfrac{\sqrt{3}-2\sqrt{2}}{6}$　　② $\dfrac{2\sqrt{2}-\sqrt{3}}{6}$　　③ $\dfrac{\sqrt{2}+\sqrt{3}}{6}$

④ $\dfrac{2\sqrt{2}+\sqrt{3}}{6}$　　⑤ $\dfrac{\sqrt{2}+2\sqrt{3}}{6}$

05

$\displaystyle\lim_{x \to 0} \dfrac{\sin 3x}{x}$의 값을 구하시오.

06

$\displaystyle\lim_{x \to 0} \dfrac{2x}{\sin x}$의 값을 구하시오.

07

$\displaystyle\lim_{x \to 0} \dfrac{\tan 3x}{2x}$의 값은?

① $\dfrac{1}{3}$　　② $\dfrac{1}{2}$　　③ $\dfrac{2}{3}$

④ 1　　⑤ $\dfrac{3}{2}$

08

$\displaystyle\lim_{x \to 0} \dfrac{\sin x}{x+\tan x}$의 값은?

① 0　　② $\dfrac{1}{4}$　　③ $\dfrac{1}{2}$

④ 1　　⑤ 2

09

$\lim\limits_{x \to 0} \dfrac{3x + \tan x}{x}$의 값은?

① 1   ② 2   ③ 3

④ 4   ⑤ 5

10

$\lim\limits_{x \to 0} \dfrac{\ln(1+2x)}{\sin x}$의 값은?

① $\dfrac{1}{2}$ ② 1   ③ $\dfrac{3}{2}$

④ 2   ⑤ 3

11

$\lim\limits_{x \to 0} \dfrac{e^x - 1}{\sin 2x}$의 값은? (단, e는 자연로그의 밑이다.)

① -2 ② $-\dfrac{1}{2}$ ③ $\dfrac{1}{2}$

④ 1   ⑤ 2

12

$\lim\limits_{x \to 0} \dfrac{x^2}{1 - \cos x}$의 값은?

① $\dfrac{1}{2}$ ② $\dfrac{2}{3}$ ③ 1

④ $\dfrac{3}{2}$ ⑤ 2

기출문제 맛보기

13
2020학년도 모의평가

$\cos\theta = \dfrac{1}{7}$일 때, $\csc\theta \times \tan\theta$의 값을 구하시오.

14
2019학년도 수능

$\tan\theta = 5$일 때, $\sec^2\theta$의 값을 구하시오.

15
2019학년도 모의평가

$\cos\theta = \dfrac{1}{7}$일 때, $\sec^2\theta$의 값을 구하시오.

16
2020학년도 모의평가

$\dfrac{\pi}{2} < \theta < \pi$인 θ에 대하여 $\cos\theta = -\dfrac{3}{5}$일 때, $\csc(\pi+\theta)$의 값은?

① $-\dfrac{5}{2}$ ② $-\dfrac{5}{3}$ ③ $-\dfrac{5}{4}$

④ $\dfrac{5}{4}$ ⑤ $\dfrac{5}{3}$

17

2022학년도 모의평가

$2\cos\alpha = 3\sin\alpha$이고 $\tan(\alpha+\beta)=1$일 때, $\tan\beta$의 값은?

① $\dfrac{1}{6}$　　② $\dfrac{1}{5}$　　③ $\dfrac{1}{4}$

④ $\dfrac{1}{3}$　　⑤ $\dfrac{1}{2}$

18

2020학년도 수능

$\overline{AB}=\overline{AC}$인 이등변삼각형 ABC에서 $\angle A=\alpha$, $\angle B=\beta$라 하자. $\tan(\alpha+\beta)=-\dfrac{3}{2}$일 때, $\tan\alpha$의 값은?

① $\dfrac{21}{10}$　　② $\dfrac{11}{5}$　　③ $\dfrac{23}{10}$

④ $\dfrac{12}{5}$　　⑤ $\dfrac{5}{2}$

19

2018학년도 모의평가

$\displaystyle\lim_{x\to 0}\dfrac{\sin 7x}{4x}$의 값은?

① $\dfrac{3}{4}$　　② 1　　③ $\dfrac{5}{4}$

④ $\dfrac{3}{2}$　　⑤ $\dfrac{7}{4}$

20

2017학년도 모의평가

$\displaystyle\lim_{x\to 0}\dfrac{\sin 2x}{x\cos x}$의 값을 구하시오.

21

2016학년도 수능

$\displaystyle\lim_{x\to 0}\dfrac{\ln(1+5x)}{\sin 3x}$의 값은?

① 1　　② $\dfrac{4}{3}$　　③ $\dfrac{5}{3}$

④ 2　　⑤ $\dfrac{7}{3}$

22

2024학년도 모의평가

실수 $t\ (0<t<\pi)$에 대하여 곡선 $y=\sin x$ 위의 점 $P(t,\sin t)$에서의 접선과 점 P를 지나고 기울기가 -1인 직선이 이루는 예각의 크기를 θ라 할 때, $\displaystyle\lim_{t\to\pi-}\dfrac{\tan\theta}{(\pi-t)^2}$의 값은?

① $\dfrac{1}{16}$　　② $\dfrac{1}{8}$　　③ $\dfrac{1}{4}$

④ $\dfrac{1}{2}$　　⑤ 1

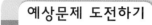 예상문제 도전하기

23

$\sec\theta \times \cot\theta = 4$일 때, $\cot^2\theta$의 값을 구하시오.

24

$\sin\theta + \cos\theta = \dfrac{4}{3}$일 때, $\sec\theta + \csc\theta$의 값은?

① $\dfrac{16}{7}$
② $\dfrac{18}{7}$
③ $\dfrac{20}{7}$
④ $\dfrac{22}{7}$
⑤ $\dfrac{24}{7}$

25

삼각형의 한 내각 θ에 대하여 $\tan\theta = -\dfrac{12}{5}$일 때,

$\dfrac{1}{\sec\theta} + \dfrac{1}{\csc\theta}$의 값은?

① $\dfrac{7}{13}$
② $\dfrac{10}{13}$
③ $\dfrac{12}{13}$
④ $\dfrac{15}{13}$
⑤ $\dfrac{17}{13}$

26

$0 < \alpha < \dfrac{\pi}{2}$, $0 < \beta < \dfrac{\pi}{2}$이고 $\sin\alpha = \dfrac{1}{2}$, $\cos\beta = \dfrac{4}{5}$일 때,

$\sin(\alpha+\beta)$의 값은?

① $\dfrac{2+\sqrt{3}}{10}$
② $\dfrac{2+3\sqrt{3}}{10}$
③ $\dfrac{4+\sqrt{3}}{10}$
④ $\dfrac{4+3\sqrt{3}}{10}$
⑤ $\dfrac{2\sqrt{2}+3\sqrt{3}}{10}$

27

$\tan\left(\alpha + \dfrac{\pi}{6}\right) = \sqrt{3}$일 때, $\tan\alpha$의 값은?

① $\dfrac{1}{3}$
② $\dfrac{\sqrt{2}}{3}$
③ $\dfrac{\sqrt{3}}{3}$
④ $\dfrac{\sqrt{2}}{2}$
⑤ $\dfrac{\sqrt{3}}{2}$

28

$\cos\alpha = -\dfrac{1}{3}$, $\sin\beta = \dfrac{\sqrt{2}}{4}$일 때, $\cos(\alpha-\beta)$의 값은?

$\left(\text{단, } \dfrac{\pi}{2} \le \alpha \le \pi,\ 0 \le \beta \le \dfrac{\pi}{2}\right)$

① $\dfrac{3-\sqrt{14}}{12}$
② $\dfrac{-4+\sqrt{14}}{12}$
③ $\dfrac{4-\sqrt{14}}{12}$
④ $\dfrac{-3+\sqrt{14}}{12}$
⑤ $\dfrac{3+\sqrt{14}}{12}$

29

$\lim\limits_{x \to 0} \dfrac{\tan x}{x + \sin x \cos x}$의 값은?

① $\dfrac{1}{4}$ ② $\dfrac{1}{3}$ ③ $\dfrac{1}{2}$

④ $\dfrac{2}{3}$ ⑤ $\dfrac{3}{4}$

30

$\lim\limits_{x \to 0} \dfrac{\ln(1+3x)}{\tan 2x}$의 값은?

① $\dfrac{1}{2}$ ② $\dfrac{2}{3}$ ③ 1

④ $\dfrac{3}{2}$ ⑤ 2

31

$\lim\limits_{x \to 0} \dfrac{\sin x}{e^{2x} - 1}$의 값은?

① $\dfrac{1}{\ln 2}$ ② $\dfrac{1}{2}$ ③ $\ln 2$

④ 1 ⑤ 2

32

$\lim\limits_{x \to 0} \dfrac{1 - \cos 4x}{x^2}$의 값을 구하시오.

33

$\lim\limits_{x \to 0} \dfrac{1 - \cos x}{x \sin x}$의 값은?

① $-\dfrac{1}{2}$ ② -1 ③ $\dfrac{1}{2}$

④ 1 ⑤ 2

34

$\lim\limits_{x \to 0} \dfrac{\ln(1+x^2)}{1 - \cos x}$의 값은?

① 0 ② $\dfrac{1}{2}$ ③ 1

④ $\dfrac{3}{2}$ ⑤ 2

35

$\lim\limits_{x \to 0} \dfrac{1 - \cos kx}{x^2} = 8$을 만족시키는 양수 k의 값은?

① 2 ② 3 ③ 4

④ 5 ⑤ 6

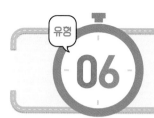

06 여러 가지 함수의 미분

5등급 유형

💡 출제가능성 ★☆☆☆☆

출제경향 🔘 이 렇 게 출 제 되 었 다

지수함수, 로그함수, 삼각함수의 도함수를 구하는 기본적인 공식을 이용하는 간단한 유형의 문제가 출제될 수 있다. 기본 공식을 이해하고 적용하는 능력을 기르고, 곱의 미분법 등을 응용하는 유형의 문제들을 충분히 연습하여 자신감을 갖도록 하자. 자주 출제되는 유형이지만 선택 과목이 되면서 출제 확률은 약간 낮아질 것으로 예상된다.
난이도 – 3점짜리

출제핵심 ➡️ 이 것 만 은 꼬 ~ 옥

1. $y=e^x \Rightarrow y'=e^x$, $y=\ln x \Rightarrow y'=\dfrac{1}{x}$

2. $\{f(x)g(x)\}'=f'(x)g(x)+f(x)g'(x)$

개념 확인

❶ 여러 가지 함수의 도함수

(1) 지수함수의 도함수

① $y=e^x \Rightarrow y'=e^x$

② $y=a^x$ (단, $a>0$, $a\neq1$) $\Rightarrow y'=a^x\ln a$

(2) 로그함수의 도함수

① $y=\ln x$ (단, $x>0$) $\Rightarrow y'=\dfrac{1}{x}$

② $y=\log_a x$ (단, $x>0$, $a>0$, $a\neq1$) $\Rightarrow y'=\dfrac{1}{x\ln a}$

(3) 삼각함수의 도함수

① $y=\sin x \Rightarrow y'=\cos x$

② $y=\cos x \Rightarrow y'=-\sin x$

❷ 곱의 미분법 (수학 Ⅱ 복습)

미분가능한 두 함수 $f(x)$, $g(x)$에 대하여

$$y=f(x)g(x) \Rightarrow y'=f'(x)g(x)+f(x)g'(x)$$

기본문제 다지기

01

함수 $f(x)=e^x+x^2-3x$에 대하여 $f'(0)$의 값은?

① -5　　　　② -4　　　　③ -3

④ -2　　　　⑤ -1

02

함수 $f(x)=\ln x-x$에 대하여 $f'\left(\dfrac{1}{10}\right)$의 값을 구하시오.

03

함수 $f(x)=x\ln x$에 대하여 $f'(e)$의 값은?

① 2　　　　② e　　　　③ 3

④ $e+1$　　　　⑤ $2e$

04

함수 $f(x)=e^x\ln x$에 대하여 $g(x)=xf'(x)$라 할 때, $g(e)$의 값은?

① e　　　　② $2e$　　　　③ e^e

④ $2e^e$　　　　⑤ $e^{e+1}+e^e$

05

함수 $f(x)=x^2\cos x$에 대하여 $f'(\pi)$의 값은?

① -2π　　　　② -2　　　　③ 0

④ 2　　　　⑤ 2π

06

함수 $f(x)=x\sin x$에 대하여 $f'\left(\dfrac{\pi}{2}\right)$의 값은?

① $1-\dfrac{\pi}{2}$　　　　② 1　　　　③ $\dfrac{\pi}{2}$

④ $1+\dfrac{\pi}{2}$　　　　⑤ $\dfrac{1}{2}+\pi$

기출문제 맛보기

07
2020학년도 모의평가

함수 $f(x)=7+3\ln x$에 대하여 $f'(3)$의 값은?

① 1   ② 2   ③ 3

④ 4   ⑤ 5

08
2018학년도 모의평가

함수 $f(x)=e^x(2x+1)$에 대하여 $f'(1)$의 값은?

① $8e$ ② $7e$ ③ $6e$

④ $5e$ ⑤ $4e$

09
2001학년도 수능

$f(x)=(x^2+1)e^x$일 때, $f'(0)$의 값은?

① 1   ② 2   ③ 3

④ 4   ⑤ 5

10
2013학년도 수능

함수 $f(x)=x\ln x+13x$에 대하여 $f'(1)$의 값을 구하시오.

11
2021학년도 모의평가

함수 $f(x)=x\ln(2x-1)$에 대하여 $f'(1)$의 값을 구하시오.

12
2020학년도 수능

함수 $f(x)=x^3\ln x$에 대하여 $\dfrac{f'(e)}{e^2}$의 값을 구하시오.

13
2017학년도 모의평가

함수 $f(x)=\log_3 x$에 대하여 $\displaystyle\lim_{h\to 0}\dfrac{f(3+h)-f(3-h)}{h}$의 값은?

① $\dfrac{1}{2\ln 3}$ ② $\dfrac{2}{3\ln 3}$ ③ $\dfrac{5}{6\ln 3}$

④ $\dfrac{1}{\ln 3}$ ⑤ $\dfrac{7}{6\ln 3}$

14
2015학년도 모의평가

함수 $f(x)=\sin x-4x$에 대하여 $f'(0)$의 값은?

① -5 ② -4 ③ -3

④ -2 ⑤ -1

예상문제 도전하기

15

함수 $f(x)=x^3+10\ln x$에 대하여 $f'(10)$의 값을 구하시오.

16

함수 $f(x)=(x^2+2x)e^x$에 대하여 $f'(0)$의 값은?

① 2   ② e ③ 4

④ e^2 ⑤ 8

17

함수 $f(x)=x^2+x\ln x$에 대하여 $\displaystyle\lim_{h\to0}\frac{f(1+2h)-f(1-h)}{h}$

의 값은?

① 6   ② 7   ③ 8

④ 9   ⑤ 10

18

함수 $f(x)=(x+\pi)\sin x$에 대하여 $f'(0)$의 값은?

① $-\pi$ ② $-\dfrac{\pi}{2}$ ③ 0

④ $\dfrac{\pi}{2}$ ⑤ π

19

함수 $f(x)=(e^x-3x)\cos x$에 대하여 $f'(0)$의 값은?

① -2 ② -1 ③ 0

④ 1   ⑤ 2

20

두 함수 $f(x)=2^x$, $g(x)=\log_2 x$에 대하여 $f'(4)g'(2)$의 값을 구하시오.

07 몫의 미분법과 합성함수의 미분법

유형

4, 5등급 유형

💡 출제가능성 ★★★★☆

출제경향 ◉ 이 렇 게 출 제 되 었 다

여러 가지 함수의 미분 공식을 이용하여 합성함수의 미분법을 이해하고 미분계수를 구할 수 있는지를 묻는 문항이 많이 출제되고 있다. 한편, 약간 수준을 높여서 몫의 미분법, 역함수의 미분법에 관한 문제들도 출제되는 경향이다.
난이도 – 3점짜리

출제핵심 ➜ 이 것 만 은 꼬 ~ 옥

1. $y = \dfrac{f(x)}{g(x)} \Rightarrow y' = \dfrac{f'(x)g(x) - f(x)g'(x)}{\{g(x)\}^2}$

2. $y = f(g(x)) \Rightarrow y' = f'(g(x))g'(x)$

개념 확인

① 몫의 미분법

두 함수 $f(x), g(x) \, (g(x) \neq 0)$가 미분가능할 때,

(1) $y = \dfrac{1}{g(x)} \Rightarrow y' = -\dfrac{g'(x)}{\{g(x)\}^2}$

(2) $y = \dfrac{f(x)}{g(x)} \Rightarrow y' = \dfrac{f'(x)g(x) - f(x)g'(x)}{\{g(x)\}^2}$

[참고]

(1) $y = \sin x$이면 $y' = \cos x$

(2) $y = \cos x$이면 $y' = -\sin x$

(3) $y = \tan x$이면 $y' = \sec^2 x$

(4) $y = \sec x$이면 $y' = \sec x \tan x$

(5) $y = \csc x$이면 $y' = -\csc x \cot x$

(6) $y = \cot x$이면 $y' = -\csc^2 x$

② 합성함수의 미분법

미분가능한 두 함수 $y = f(u), \, u = g(x)$에 대하여 합성함수 $y = f(g(x))$의 도함수는

(1) $\dfrac{dy}{dx} = \dfrac{dy}{du} \cdot \dfrac{du}{dx}$

(2) $y' = \{f(g(x))\}' = f'(g(x))g'(x)$

(3) 함수 $y = x^n$ (n은 실수)의 도함수
$\Rightarrow y' = nx^{n-1}$

[참고]

① $\{e^{f(x)}\}' = e^{f(x)}f'(x)$

② $\{\ln|f(x)|\}' = \dfrac{f'(x)}{f(x)}$

기본문제 다지기

01

함수 $f(x) = e^x + (2x+5)^3$에 대하여 $f'(0)$의 값을 구하시오.

02

함수 $f(x) = e^{3x}$에 대하여 $f'(1)$의 값은?

① 3　　　　② $3e$　　　　③ $3e^2$

④ e^3　　　　⑤ $3e^3$

03

함수 $f(x) = e^{x^2-3x}$에 대하여 $\lim\limits_{h \to 0} \dfrac{f(3+h)-f(3)}{h}$의 값은?

① 1　　　　② 2　　　　③ 3

④ 4　　　　⑤ 5

04

함수 $f(x) = (2x+7)e^{2x}$에 대하여 $f'(0)$의 값을 구하시오.

05

함수 $f(x) = \ln(x^2+2)$에 대하여 $f'(1)$의 값은?

① $\dfrac{1}{3}$　　　　② $\dfrac{2}{3}$　　　　③ 1

④ $\dfrac{4}{3}$　　　　⑤ $\dfrac{5}{3}$

06

함수 $f(x) = \sin 2x$에 대하여 $f'(\pi)$의 값은?

① -2　　　　② -1　　　　③ 0

④ 1　　　　⑤ 2

07

함수 $f(x) = \sin^3 x$에 대하여 $f'\left(\dfrac{\pi}{6}\right)$의 값은?

① $\dfrac{\sqrt{3}}{8}$ ② $\dfrac{3}{8}$ ③ $\dfrac{3\sqrt{3}}{8}$

④ $\dfrac{\sqrt{3}}{4}$ ⑤ $\dfrac{3\sqrt{3}}{4}$

08

함수 $f(x) = \dfrac{1}{2x-3}$에 대하여 $f'(1)$의 값은?

① -2 ② -1 ③ 0

④ 1 ⑤ 2

09

함수 $f(x) = \dfrac{\ln x}{2x}$에 대하여 $f'(1)$의 값은?

① $\dfrac{1}{4}$ ② $\dfrac{1}{2}$ ③ 1

④ 2 ⑤ 4

기출문제 맛보기

10
2019학년도 모의평가

함수 $f(x) = e^{3x-2}$에 대하여 $f'(1)$의 값은?

① e ② $2e$ ③ $3e$

④ $4e$ ⑤ $5e$

11
2015학년도 모의평가

함수 $f(x) = e^{3x} + 10x$에 대하여 $f'(0)$의 값은?

① 17 ② 16 ③ 15

④ 14 ⑤ 13

12
2014학년도 수능

함수 $f(x) = 5e^{3x-3}$에 대하여 $f'(1)$의 값을 구하시오.

13

2016학년도 모의평가

함수 $f(x)=(2e^x+1)^3$에 대하여 $f'(0)$의 값은?

① 48   ② 51   ③ 54

④ 57   ⑤ 60

14

2022학년도 수능

실수 전체의 집합에서 미분가능한 함수 $f(x)$가 모든 실수 x에 대하여

$$f(x^3+x)=e^x$$

을 만족시킬 때, $f'(2)$의 값은?

① e ② $\dfrac{e}{2}$ ③ $\dfrac{e}{3}$

④ $\dfrac{e}{4}$ ⑤ $\dfrac{e}{5}$

15

2018학년도 수능

함수 $f(x)=\ln(x^2+1)$에 대하여 $f'(1)$의 값을 구하시오.

16

2018학년도 모의평가

함수 $f(x)=\sqrt{x^3+1}$에 대하여 $f'(2)$의 값을 구하시오.

17

2016학년도 수능

함수 $f(x)=4\sin 7x$에 대하여 $f'(2\pi)$의 값을 구하시오.

18

2019학년도 모의평가

함수 $f(x)=\tan 2x+3\sin x$에 대하여

$\displaystyle\lim_{h\to 0}\dfrac{f(\pi+h)-f(\pi-h)}{h}$ 의 값은?

① -2 ② -4 ③ -6

④ -8 ⑤ -10

19

2015학년도 수능

함수 $f(x)=\cos x+4e^{2x}$에 대하여 $f'(0)$의 값을 구하시오.

20

2018학년도 모의평가

함수 $f(x)=-\cos^2 x$에 대하여 $f'\left(\dfrac{\pi}{4}\right)$의 값을 구하시오.

21

2021학년도 수능

함수 $f(x)=\dfrac{x^2-2x-6}{x-1}$에 대하여 $f'(0)$의 값을 구하시오.

22

2020학년도 모의평가

함수 $f(x)=\dfrac{\ln x}{x^2}$에 대하여 $\lim\limits_{h\to 0}\dfrac{f(e+h)-f(e-2h)}{h}$의 값은?

① $-\dfrac{2}{e}$ ② $-\dfrac{3}{e^2}$ ③ $-\dfrac{1}{e}$

④ $-\dfrac{2}{e^2}$ ⑤ $-\dfrac{3}{e^3}$

23

2021학년도 모의평가

실수 전체의 집합에서 미분가능한 함수 $f(x)$에 대하여 함수 $g(x)$를

$$g(x)=\dfrac{f(x)}{(e^x+1)^2}$$

라 하자. $f'(0)-f(0)=2$일 때, $g'(0)$의 값은?

① $\dfrac{1}{4}$ ② $\dfrac{3}{8}$ ③ $\dfrac{1}{2}$

④ $\dfrac{5}{8}$ ⑤ $\dfrac{3}{4}$

24

2018학년도 수능

실수 전체의 집합에서 미분가능한 함수 $f(x)$에 대하여 함수 $g(x)$를

$$g(x)=\dfrac{f(x)}{e^{x-2}}$$

라 하자. $\lim\limits_{x\to 2}\dfrac{f(x)-3}{x-2}=5$일 때, $g'(2)$의 값은?

① 1 ② 2 ③ 3

④ 4 ⑤ 5

예상문제 도전하기

25

함수 $f(x)=e^{2x}$에 대하여 $f'(\ln 2)$의 값은?

① 2   ② 4   ③ $4\ln 2$

④ $6\ln 2$ ⑤ 8

26

함수 $f(e^x)=\sqrt{x}$에 대하여 $f'(e)$의 값은?

① $\dfrac{1}{2e}$ ② $\dfrac{1}{e\sqrt{2}}$ ③ $\dfrac{1}{e}$

④ $\dfrac{1}{\sqrt{2e}}$ ⑤ $\dfrac{1}{\sqrt{e}}$

27

함수 $f(x)=12\ln(2x-1)$에 대하여 $f'(1)$의 값을 구하시오.

28

양의 실수 전체의 집합에서 정의된 함수 $f(x)$가

$$f(x)=20\ln(x^2+6x+3)$$

일 때, $f'(1)$의 값을 구하시오.

29

함수 $f(x)=\log_3(x^2-1)$에 대하여 $f'(3)$의 값은?

① $\dfrac{3}{4\ln 3}$ ② $\dfrac{1}{\ln 3}$ ③ $\dfrac{4}{3\ln 3}$

④ $\dfrac{5}{4\ln 3}$ ⑤ $\dfrac{2}{\ln 3}$

30

함수 $f(x)=\sin 2x+\cos 3x$에 대하여 $f'\!\left(\dfrac{\pi}{2}\right)$의 값을 구하시오.

31

함수 $f(x)=\dfrac{2x^2+3x}{x^2+1}$에 대하여 $f'(1)$의 값은?

① -2 ② -1 ③ 0

④ 1   ⑤ 2

유형

08 매개변수로 나타낸 함수, 음함수의 미분법

🔆 출제가능성 ★★★★☆

출제경향 ⚫ 이렇게 출제되었다

간단하게 미분계수를 구하거나 도함수의 의미를 이해해서 접선의 기울기를 구하는 수준으로 쉽게 출제될 수도 있다. 약간 난이도를 높인다면 간단한 수준의 접선의 방정식을 묻는 유형이 예상된다.
난이도 − 3점짜리

출제핵심 ➡ 이것만은 꼬~옥

(1) $\dfrac{dy}{dx}=\dfrac{\dfrac{dy}{dt}}{\dfrac{dx}{dt}}\left(단, \dfrac{dx}{dt}\neq 0\right)$

(2) $\dfrac{d}{dx}x^n=nx^{n-1}$, $\dfrac{d}{dx}y^n=ny^{n-1}\dfrac{dy}{dx}$ (단, n은 실수)

개념 확인

❶ 매개변수로 나타낸 함수의 미분법

(1) 두 변수 x, y 사이의 관계를 변수 t를 매개로 하여
$$x=f(t), y=g(t) \quad \cdots\cdots \text{㉠}$$
꼴로 나타낼 때 변수 t를 매개변수라 하며, ㉠을 매개변수로 나타낸 함수라고 한다.

(2) 매개변수로 나타낸 함수의 미분법
매개변수로 나타낸 함수 $x=f(t)$, $y=g(t)$가 t에 대하여 미분가능하고 $f'(t)\neq 0$이면
$$\frac{dy}{dx}=\frac{\dfrac{dy}{dt}}{\dfrac{dx}{dt}}=\frac{g'(t)}{f'(t)}$$

❷ 음함수의 미분법

(1) x와 y의 값의 범위를 적당히 정하면 y는 x의 함수가 되는 $f(x, y)=0$ 꼴을 y의 x에 대한 음함수 표현이라고 한다.

(2) 음함수의 미분법
x의 함수 y가 음함수 $f(x, y)=0$ 꼴로 주어질 때는 y를 x의 함수로 보고 각 항을 x에 대하여 미분하여 $\dfrac{dy}{dx}$를 구한다.

기본문제 다지기

01

곡선 $x^3-2x+y^2=5$ 위의 점 $(2,\ 1)$에서의 접선의 기울기를 구하시오.

02

곡선 $e^x-e^y=x^2-1$ 위의 점 $(1,\ 1)$에서의 접선의 기울기는?

① $\dfrac{1}{e}$ ② $\dfrac{1}{e-2}$ ③ e

④ $\dfrac{e-1}{e}$ ⑤ $\dfrac{e-2}{e}$

03

곡선 $\sin x+xy=2x$ 위의 점 $(\pi,\ 2)$에서의 접선의 기울기는?

① $\dfrac{1}{\pi}$ ② $\dfrac{2}{\pi}$ ③ 1

④ π ⑤ 2π

04

매개변수 t로 나타내어진 곡선
$$x=2t+3,\ y=3t^2+2t$$
에서 $t=1$일 때, $\dfrac{dy}{dx}$의 값은?

① 1 ② 2 ③ 3

④ 4 ⑤ 5

05

매개변수 t로 나타내어진 함수 $x=2t-1,\ y=t^2+1$에 대하여 $y=f(x)$로 나타내었을 때, $\displaystyle\lim_{h\to 0}\dfrac{f(2+2h)-f(2)}{h}$의 값을 구하시오.

06

매개변수 θ로 나타내어진 곡선 $\begin{cases} x=\cos\theta \\ y=\sin 2\theta \end{cases}$에 대하여 $\theta=\dfrac{\pi}{3}$에 대응하는 곡선 위의 점에서의 접선의 기울기를 m이라 할 때, $9m^2$의 값을 구하시오.

기출문제 맛보기

07
2020학년도 모의평가

곡선 $x^2+xy+y^3=7$ 위의 점 $(2, 1)$에서의 접선의 기울기는?

① -5　　　② -4　　　③ -3

④ -2　　　⑤ -1

08
2020학년도 수능

곡선 $x^2-3xy+y^2=x$ 위의 점 $(1, 0)$에서의 접선의 기울기는?

① $\dfrac{1}{12}$　　　② $\dfrac{1}{6}$　　　③ $\dfrac{1}{4}$

④ $\dfrac{1}{3}$　　　⑤ $\dfrac{5}{12}$

09
2023학년도 모의평가

곡선 $x^2-y\ln x+x=e$ 위의 점 (e, e^2)에서의 접선의 기울기는?

① $e+1$　　　② $e+2$　　　③ $e+3$

④ $2e+1$　　　⑤ $2e+2$

10
2019학년도 모의평가

곡선 $e^x-e^y=y$ 위의 점 (a, b)에서의 접선의 기울기가 1일 때, $a+b$의 값은?

① $1+\ln(e+1)$　　　② $2+\ln(e^2+2)$　　　③ $3+\ln(e^3+3)$

④ $4+\ln(e^4+4)$　　　⑤ $5+\ln(e^5+5)$

11
2019학년도 수능

곡선 $e^x-xe^y=y$ 위의 점 $(0, 1)$에서의 접선의 기울기는?

① $3-e$　　　② $2-e$　　　③ $1-e$

④ $-e$　　　⑤ $-1-e$

12
2011학년도 수능

좌표평면에서 곡선 $y^3=\ln(5-x^2)+xy+4$ 위의 점 $(2, 2)$에서의 접선의 기울기는?

① $-\dfrac{3}{5}$　　　② $-\dfrac{1}{2}$　　　③ $-\dfrac{2}{5}$

④ $-\dfrac{3}{10}$　　　⑤ $-\dfrac{1}{5}$

13
2020학년도 모의평가

곡선 $\pi x=\cos y+x\sin y$ 위의 점 $\left(0, \dfrac{\pi}{2}\right)$에서의 접선의 기울기는?

① $1-\dfrac{5}{2}\pi$　　　② $1-2\pi$　　　③ $1-\dfrac{3}{2}\pi$

④ $1-\pi$　　　⑤ $1-\dfrac{\pi}{2}$

정답 및 풀이 20쪽

14

2022학년도 모의평가

매개변수 t로 나타내어진 곡선

$$x=e^t-4e^{-t},\ y=t+1$$

에서 $t=\ln 2$일 때, $\dfrac{dy}{dx}$의 값은?

① 1 ② $\dfrac{1}{2}$ ③ $\dfrac{1}{3}$

④ $\dfrac{1}{4}$ ⑤ $\dfrac{1}{5}$

15

2021학년도 모의평가

매개변수 $t\ (t>0)$으로 나타내어진 함수

$$x=\ln t+t,\ y=-t^3+3t$$

에 대하여 $\dfrac{dy}{dx}$가 $t=a$에서 최댓값을 가질 때, a의 값은?

① $\dfrac{1}{6}$ ② $\dfrac{1}{5}$ ③ $\dfrac{1}{4}$

④ $\dfrac{1}{3}$ ⑤ $\dfrac{1}{2}$

16

2024학년도 모의평가

매개변수 t로 나타내어진 곡선

$$x=\dfrac{5t}{t^2+1},\ y=3\ln(t^2+1)$$

에서 $t=2$일 때, $\dfrac{dy}{dx}$의 값은?

① -1 ② -2 ③ -3

④ -4 ⑤ -5

17

2017학년도 모의평가

매개변수 $t\ (t>0)$으로 나타내어진 함수

$$x=t-\dfrac{2}{t},\ y=t^2+\dfrac{2}{t^2}$$

에서 $t=1$일 때, $\dfrac{dy}{dx}$의 값은?

① $-\dfrac{2}{3}$ ② -1 ③ $-\dfrac{4}{3}$

④ $-\dfrac{5}{3}$ ⑤ -2

18

2024학년도 모의평가

매개변수 t로 나타내어진 곡선

$$x=t+\cos 2t,\ y=\sin^2 t$$

에서 $t=\dfrac{\pi}{4}$일 때, $\dfrac{dy}{dx}$의 값은?

① -2 ② -1 ③ 0

④ 1 ⑤ 2

19

2024학년도 수능

매개변수 $t\ (t>0)$으로 나타내어진 곡선

$$x=\ln(t^3+1),\ y=\sin \pi t$$

에서 $t=1$일 때, $\dfrac{dy}{dx}$의 값은?

① $-\dfrac{1}{3}\pi$ ② $-\dfrac{2}{3}\pi$ ③ $-\pi$

④ $-\dfrac{4}{3}\pi$ ⑤ $-\dfrac{5}{3}\pi$

20

2022학년도 모의평가

매개변수 t로 나타내어진 곡선

$$x=e^t+\cos t,\ y=\sin t$$

에서 $t=0$일 때, $\dfrac{dy}{dx}$의 값은?

① $\dfrac{1}{2}$ ② 1 ③ $\dfrac{3}{2}$

④ 2 ⑤ $\dfrac{5}{2}$

예상문제 도전하기

21

곡선 $x^3+y^3+3xy+27=0$ 위의 점 $(0, -3)$에서의 접선의 기울기는?

① $-\dfrac{1}{2}$ ② $-\dfrac{1}{3}$ ③ 0

④ $\dfrac{1}{3}$ ⑤ $\dfrac{1}{2}$

22

곡선 $x^2+y^2+axy+b=0$ 위의 점 $(2, 3)$에서의 $\dfrac{dy}{dx}$의 값이 1이라고 한다. 이 곡선이 두 점 $(3, m)$, $(3, n)$을 지날 때, $m+n$의 값은? (단, a, b는 상수이다.)

① -6 ② -3 ③ 0

④ 3 ⑤ 6

23

곡선 $x^2-xy+y^2=3$ 위의 점 (a, b)에서의 접선의 기울기가 1일 때, $a-b$의 값은? (단, a는 양수이다.)

① 1 ② 2 ③ 3

④ 4 ⑤ 5

24

곡선 $e^{x+y}=e^2x$ 위의 점 $(1, 1)$에서의 접선의 기울기는?

① $-e$ ② -1 ③ 0

④ 1 ⑤ e

25

곡선 $y^2=\ln(2-x^2)+4$ 위의 점 $(1, 2)$에서의 접선의 기울기는?

① $-\dfrac{1}{2}$ ② $-\dfrac{1}{4}$ ③ 0

④ $\dfrac{1}{4}$ ⑤ $\dfrac{1}{2}$

26

곡선 $x+\sin x-xy=0$ 위의 점 $(\pi, 1)$에서의 $\dfrac{dy}{dx}$의 값은?

① $-\dfrac{1}{\pi}$ ② $-\dfrac{1}{2\pi}$ ③ $\dfrac{1}{2\pi}$

④ $\dfrac{1}{\pi}$ ⑤ 1

27

곡선 $x\sin y+\cos y=a-x^3$ 위의 점 $(b,\,\pi)$에서의 접선의 기울기가 6일 때, $a+b$의 값은? (단, a, b는 양수이다.)

① 6   ② 7   ③ 8

④ 9   ⑤ 10

28

매개변수 t로 나타내어진 곡선

$$x=t^3,\ y=t-t^2$$

에서 $t=1$일 때, $\dfrac{dy}{dx}$ 의 값은?

① $-\dfrac{1}{4}$ ② $-\dfrac{1}{3}$ ③ $-\dfrac{1}{2}$

④ $-\dfrac{2}{3}$ ⑤ $-\dfrac{3}{4}$

29

매개변수 t로 나타내어진 곡선

$$x=2t-1,\ y=t^2+t-1$$

위의 점 $(1,\,1)$에서의 접선의 기울기는?

① $\dfrac{2}{3}$ ② $\dfrac{3}{4}$ ③ 1

④ $\dfrac{3}{2}$ ⑤ $\dfrac{4}{3}$

30

매개변수 t $(t>0)$으로 나타내어진 함수

$$x=t^2-\frac{2}{t},\ y=t+\frac{2}{t}$$

에서 $t=1$일 때, $\dfrac{dy}{dx}$ 의 값은?

① $-\dfrac{1}{5}$ ② $-\dfrac{1}{4}$ ③ $-\dfrac{1}{3}$

④ $-\dfrac{1}{2}$ ⑤ -1

31

매개변수 θ로 나타내어진 곡선

$$x=\tan\theta,\ y=\cos^2\theta\left(-\frac{\pi}{2}<\theta<\frac{\pi}{2}\right)$$

에 대하여 이 곡선 위의 점 $\left(1,\,\dfrac{1}{2}\right)$에서의 접선의 기울기는?

① -1 ② $-\dfrac{1}{2}$ ③ 0

④ $\dfrac{1}{2}$ ⑤ 1

32

매개변수 t로 나타내어진 곡선 $x=t\sin t,\ y=e^t\cos t$에 대하여 $t=\dfrac{\pi}{2}$에 대응하는 곡선 위의 점에서의 접선의 기울기를 m이라 할 때, $\ln(-m)$의 값은?

① $-\pi$ ② $-\dfrac{\pi}{2}$ ③ 0

④ $\dfrac{\pi}{2}$ ⑤ π

09 역함수의 미분법과 이계도함수

4 등급 유형

🔅 출제가능성 ★★☆☆☆

출제경향 ◉ 이 렇 게 출 제 되 었 다

역함수의 미분법을 이용하는 문제가 최근 자주 출제되고 있다. 또한, 이계도함수를 이용하여 변곡점의 좌표를 구하는 유형도 대비해 두자.
난이도 – 3점짜리

출제핵심 ➜ 이 것 만 은 꼬 ~ 옥

$$\frac{dy}{dx} = \frac{1}{\frac{dx}{dy}} \text{ 또는 } (f^{-1})'(x) = \frac{1}{f'(y)} \left(\text{단, } \frac{dx}{dy} \neq 0, \, f'(y) \neq 0 \right)$$

개념 확인

❶ 역함수의 미분법

미분가능한 함수 $f(x)$의 역함수 $g(x)$가 존재하고 미분가능할 때,

(1) $\dfrac{dy}{dx} = \dfrac{1}{\dfrac{dx}{dy}} \left(\text{단, } \dfrac{dx}{dy} \neq 0 \right)$

(2) $g'(x) = \dfrac{1}{f'(g(x))}$ (단, $f'(g(x)) \neq 0$)

(3) $f(a) = b$이면 $g'(b) = \dfrac{1}{f'(g(b))}$

[참고]

미분가능한 함수 $f(x)$의 역함수 $g(x)$가 존재하고 미분가능할 때, 역함수의 성질에 의하여 $f(g(x)) = x$이므로

$f'(g(x))g'(x) = 1$, 즉 $g'(x) = \dfrac{1}{f'(g(x))}$

❷ 이계도함수

함수 $f(x)$의 도함수 $f'(x)$가 미분가능할 때, 함수 $f'(x)$의 도함수

$$\lim_{\Delta x \to 0} \frac{f'(x + \Delta x) - f'(x)}{\Delta x}$$

를 $f(x)$의 이계도함수라 하고, 이것을 기호로

$$f''(x), \, y'', \, \frac{d^2 y}{dx^2}, \, \frac{d^2}{dx^2} f(x)$$

와 같이 나타낸다.

❸ 변곡점

(1) 함수 $f(x)$에서 $f''(a) = 0$이고 $x = a$의 좌우에서 $f''(x)$의 부호가 바뀌면 점 $(a, f(a))$는 곡선 $y = f(x)$의 변곡점이다.

(2) 점 (a, b)가 곡선 $y = f(x)$의 변곡점이면
  ➡ $f''(a) = 0$, $f(a) = b$

기본문제 다지기

01

미분가능한 함수 $f(x)$의 역함수가 $g(x)$이고 $f(2)=5$, $f'(2)=\dfrac{1}{3}$일 때, $g'(5)$의 값은?

① 1   ② 2   ③ 3

④ 4   ⑤ 5

02

함수 $f(x)=x^3+3x+6$의 역함수를 $g(x)$라 할 때, $g'(2)$의 값은?

① $\dfrac{1}{12}$ ② $\dfrac{1}{6}$ ③ $\dfrac{1}{4}$

④ $\dfrac{1}{3}$ ⑤ $\dfrac{1}{2}$

03

함수 $f(x)=e^{x-2}$의 역함수를 $g(x)$라 할 때, $g'(1)$의 값은?

① 0   ② $\dfrac{1}{e}$ ③ $\dfrac{1}{2}$

④ 1   ⑤ e

04

함수 $f(x)=x^2+\dfrac{1}{x}$에 대하여 곡선 $y=f(x)$의 변곡점의 좌표가 (a,b)일 때, $a+b$의 값은?

① -1 ② -2 ③ -3

④ -4 ⑤ -5

기출문제 맛보기

05

2018학년도 수능

실수 전체의 집합에서 미분가능한 두 함수 $f(x)$, $g(x)$가 있다. $f(x)$가 $g(x)$의 역함수이고 $f(1)=2$, $f'(1)=3$이다. 함수 $h(x)=xg(x)$라 할 때, $h'(2)$의 값은?

① 1   ② $\dfrac{4}{3}$ ③ $\dfrac{5}{3}$

④ 2   ⑤ $\dfrac{7}{3}$

06

2004학년도 수능

미분가능한 함수 $f(x)$의 역함수 $g(x)$가
$$\lim_{x\to 1}\frac{g(x)-2}{x-1}=3$$
을 만족할 때, 미분계수 $f'(2)$의 값은?

① 1   ② $\dfrac{1}{2}$ ③ $\dfrac{1}{3}$

④ $\dfrac{1}{4}$ ⑤ $\dfrac{1}{6}$

07

2023학년도 모의평가

함수 $f(x)=x^3+2x+3$의 역함수를 $g(x)$라 할 때, $g'(3)$의 값은?

① 1   ② $\dfrac{1}{2}$ ③ $\dfrac{1}{3}$

④ $\dfrac{1}{4}$ ⑤ $\dfrac{1}{5}$

08

2018학년도 모의평가

함수 $f(x)=x^3+5x+3$의 역함수를 $g(x)$라 할 때, $g'(3)$의 값은?

① $\dfrac{1}{7}$ ② $\dfrac{1}{6}$ ③ $\dfrac{1}{5}$

④ $\dfrac{1}{4}$ ⑤ $\dfrac{1}{3}$

09
2017학년도 수능

함수 $f(x)=x^3+x+1$의 역함수를 $g(x)$라 할 때, $g'(1)$의 값은?

① $\dfrac{1}{3}$ ② $\dfrac{2}{5}$ ③ $\dfrac{2}{3}$

④ $\dfrac{4}{5}$ ⑤ 1

10
2010학년도 모의평가

함수 $f(x)=\ln(e^x-1)$의 역함수를 $g(x)$라 할 때, 양수 a에 대하여 $\dfrac{1}{f'(a)}+\dfrac{1}{g'(a)}$의 값은?

① 2   ② 4   ③ 6

④ 8   ⑤ 10

11
2019학년도 수능

함수 $f(x)=\dfrac{1}{1+e^{-x}}$의 역함수를 $g(x)$라 할 때, $g'(f(-1))$의 값은?

① $\dfrac{1}{(1+e)^2}$ ② $\dfrac{e}{1+e}$ ③ $\left(\dfrac{1+e}{e}\right)^2$

④ $\dfrac{e^2}{1+e}$ ⑤ $\dfrac{(1+e)^2}{e}$

12
2020학년도 모의평가

정의역이 $\left\{x\left|-\dfrac{\pi}{4}<x<\dfrac{\pi}{4}\right.\right\}$인 함수 $f(x)=\tan 2x$의 역함수를 $g(x)$라 할 때, $100\times g'(1)$의 값을 구하시오.

13
2019학년도 모의평가

$x\geq\dfrac{1}{e}$에서 정의된 함수 $f(x)=3x\ln x$의 그래프가 점 $(e, 3e)$를 지난다. 함수 $f(x)$의 역함수를 $g(x)$라고 할 때, $\lim\limits_{h\to 0}\dfrac{g(3e+h)-g(3e-h)}{h}$의 값은?

① $\dfrac{1}{3}$ ② $\dfrac{1}{2}$ ③ $\dfrac{2}{3}$

④ $\dfrac{5}{6}$ ⑤ 1

14
2019학년도 모의평가

함수 $f(x)=3e^{5x}+x+\sin x$의 역함수를 $g(x)$라 할 때, 곡선 $y=g(x)$는 점 $(3, 0)$을 지난다. $\lim\limits_{x\to 3}\dfrac{x-3}{g(x)-g(3)}$의 값을 구하시오.

15
2020학년도 모의평가

함수 $f(x)=xe^x$에 대하여 곡선 $y=f(x)$의 변곡점의 좌표가 (a, b)일 때, 두 수 a, b의 곱 ab의 값은?

① $4e^2$ ② e ③ $\dfrac{1}{e}$

④ $\dfrac{4}{e^2}$ ⑤ $\dfrac{9}{e^3}$

16
2018학년도 모의평가

함수 $f(x)=\dfrac{1}{x+3}$에 대하여 $\lim\limits_{h\to 0}\dfrac{f'(a+h)-f'(a)}{h}=2$를 만족시키는 실수 a의 값은?

① -2 ② -1 ③ 0

④ 1   ⑤ 2

17

2019학년도 모의평가

좌표평면에서 점 $(2, a)$가 곡선 $y = \dfrac{2}{x^2 + b}$ $(b > 0)$의 변곡점일 때, $\dfrac{b}{a}$의 값을 구하시오. (단, a, b는 상수이다.)

18

2011학년도 모의평가

곡선 $y = \left(\ln \dfrac{1}{ax} \right)^2$의 변곡점이 직선 $y = 2x$ 위에 있을 때, 양수 a의 값은?

① e　　　　② $\dfrac{5}{4}e$　　　　③ $\dfrac{3}{2}e$

④ $\dfrac{7}{4}e$　　　　⑤ $2e$

19

2020학년도 수능

곡선 $y = ax^2 - 2\sin 2x$가 변곡점을 갖도록 하는 정수 a의 개수는?

① 4　　　　② 5　　　　③ 6

④ 7　　　　⑤ 8

예상문제 도전하기

20

함수 $f(x) = 4\sin x$의 역함수를 $g(x)$라 할 때, $g'(2)$의 값은? $\left(\text{단}, 0 \leq x \leq \dfrac{\pi}{2} \right)$

① $\dfrac{\sqrt{3}}{6}$　　　　② $\dfrac{\sqrt{3}}{3}$　　　　③ $\sqrt{2}$

④ 2　　　　⑤ $2\sqrt{3}$

21

함수 $f(x) = x^3 + 3x$의 역함수를 $g(x)$라 할 때, $f'(3)g'(4)$의 값을 구하시오.

22

함수 $f(x) = e^{2x} + \ln x$의 역함수를 $g(x)$라 할 때, $g'(f(1))$의 값은?

① $\dfrac{1}{2e + 1}$　　　　② $\dfrac{1}{2e - 1}$　　　　③ $\dfrac{1}{e^2 + 1}$

④ $\dfrac{1}{2e^2 + 1}$　　　　⑤ $\dfrac{1}{2e^2 - 1}$

23

함수 $f(x) = ax \ln x - x^2$에 대하여 $f'(1) = 2$라 할 때, $\displaystyle\lim_{x \to 1} \dfrac{f'(x) - 2}{x^2 - 1}$의 값은? (단, a는 상수이다.)

① 1　　　　② 2　　　　③ 3

④ 4　　　　⑤ 5

정답 및 풀이 24쪽

10 접선의 방정식

4등급 유형

💡 출제가능성 ★★☆☆☆

출제경향 🔵 이 렇 게   출 제 되 었 다

접선의 방정식은 미분법의 활용으로 항상 중요한 유형이다. 미분법을 활용하는 여러 가지 내용 중에서 한 가지 유형은 3점짜리로 출제가 예상된다. 따라서 이 유형의 출제 가능성이 항상 있음을 기억하자.

난이도 – 3점짜리

출제핵심 ➡️ 이 것 만 은   꼬 ~ 옥

곡선 $y=f(x)$ 위의 점 $(a,\ f(a))$에서의 접선의 방정식은

$$y-f(a)=f'(a)(x-a)$$

개념 확인

① 접점이 주어질 때의 접선의 방정식

곡선 $y=f(x)$ 위의 점 $(a,\ f(a))$에서의 접선의 방정식은

$$y-f(a)=f'(a)(x-a)$$

② 기울기가 주어질 때의 접선의 방정식

곡선 $y=f(x)$에 접하고 기울기가 m인 접선의 방정식

① 접점의 좌표를 $(a,\ f(a))$로 놓는다.

② $f'(a)=m$임을 이용하여 접점의 좌표를 구한다.

③ $y-f(a)=m(x-a)$를 이용하여 접선의 방정식을 구한다.

③ 곡선 밖의 한 점이 주어질 때의 접선의 방정식

곡선 $y=f(x)$ 밖의 한 점 $(x_1,\ y_1)$에서 곡선에 그은 접선의 방정식

① 접점의 좌표를 $(a,\ f(a))$로 놓는다.

② $y-f(a)=f'(a)(x-a)$에 점 $(x_1,\ y_1)$의 좌표를 대입하여 a의 값을 구한다.

③ a의 값을 $y-f(a)=f'(a)(x-a)$에 대입하여 접선의 방정식을 구한다.

[참고] 매개변수로 나타낸 곡선의 접선의 방정식

매개변수로 나타낸 곡선 $x=f(t)$, $y=g(t)$에서 $t=t_1$일 때 접선의 방정식

➡️ $y=\dfrac{g'(t_1)}{f'(t_1)}\{x-f(t_1)\}+g(t_1)$

(단, $t=t_1$에서 미분가능하고 $f'(t_1)\neq0$이다.)

기본문제 다지기

01

곡선 $y=\dfrac{2x-5}{x-2}$ 위의 점 $(3, 1)$에서의 접선의 y절편은?

① -4 ② -3 ③ -2

④ -1 ⑤ 0

02

곡선 $y=e^{2x}$ 위의 점 $(0, 1)$에서의 접선의 방정식은?

① $y=x-1$ ② $y=x+1$ ③ $y=2x$

④ $y=2x-1$ ⑤ $y=2x+1$

03

곡선 $y=\ln x$ 위의 점 $(e, 1)$에서의 접선의 방정식은?

① $y=x$ ② $y=\dfrac{1}{e}x$ ③ $y=ex$

④ $y=-\dfrac{1}{e}x$ ⑤ $y=-ex$

04

곡선 $y=\tan 2x$ 위의 점 $\left(\dfrac{\pi}{8}, 1\right)$에서의 접선의 방정식이

$y=f(x)$일 때, $f\left(\dfrac{\pi}{4}\right)$의 값은?

① $\dfrac{\pi}{4}$ ② $\dfrac{\pi}{4}+1$ ③ $\dfrac{\pi}{2}$

④ $\dfrac{\pi}{2}+1$ ⑤ $\pi+1$

05

직선 $y=\dfrac{1}{e}x+k$가 곡선 $y=e^x$에 접할 때, 상수 k의 값은?

① $\dfrac{1}{e}$ ② $\dfrac{2}{e}$ ③ 1

④ e ⑤ $2e$

06

곡선 $x^2-xy+y^2=3$ 위의 점 $(1, -1)$에서의 접선의 방정식을 $y=ax+b$라 할 때, $a+b$의 값은? (단, a, b는 상수이다.)

① -2 ② -1 ③ 0

④ 1 ⑤ 2

기출문제 맛보기

07

2016학년도 모의평가

곡선 $y=\ln 5x$ 위의 점 $\left(\dfrac{1}{5},\ 0\right)$에서의 접선의 y절편은?

① $-\dfrac{5}{2}$ ② -2 ③ $-\dfrac{3}{2}$

④ -1 ⑤ $-\dfrac{1}{2}$

08

2017학년도 모의평가

곡선 $y=\ln(x-3)+1$ 위의 점 $(4,\ 1)$에서의 접선의 방정식이 $y=ax+b$일 때, 두 상수 $a,\ b$의 합 $a+b$의 값은?

① -2 ② -1 ③ 0

④ 1 ⑤ 2

09

2016학년도 수능

곡선 $y=3e^{x-1}$ 위의 점 A에서의 접선이 원점 O를 지날 때, 선분 OA의 길이는?

① $\sqrt{6}$ ② $\sqrt{7}$ ③ $2\sqrt{2}$

④ 3 ⑤ $\sqrt{10}$

10

2019학년도 모의평가

곡선 $e^{y}\ln x=2y+1$ 위의 점 $(e,\ 0)$에서의 접선의 방정식을 $y=ax+b$라 할 때, ab의 값은? (단, $a,\ b$는 상수이다.)

① $-2e$ ② $-e$ ③ -1

④ $-\dfrac{2}{e}$ ⑤ $-\dfrac{1}{e}$

11

2022학년도 수능예시

매개변수 t로 나타낸 곡선
$$x=e^{t}+2t,\ y=e^{-t}+3t$$
에 대하여 $t=0$에 대응하는 점에서의 접선이 점 $(10,\ a)$를 지날 때, a의 값은?

① 6 ② 7 ③ 8

④ 9 ⑤ 10

12

2020학년도 모의평가

양수 k에 대하여 두 곡선 $y=ke^{x}+1$, $y=x^2-3x+4$가 점 P에서 만나고, 점 P에서 두 곡선에 접하는 두 직선이 서로 수직일 때, k의 값은?

① $\dfrac{1}{e}$ ② $\dfrac{1}{e^2}$ ③ $\dfrac{2}{e^2}$

④ $\dfrac{2}{e^3}$ ⑤ $\dfrac{3}{e^3}$

13

2024학년도 수능

실수 t에 대하여 원점을 지나고 곡선 $y=\dfrac{1}{e^{x}}+e^{t}$에 접하는 직선의 기울기를 $f(t)$라 하자. $f(a)=-e\sqrt{e}$를 만족시키는 상수 a에 대하여 $f'(a)$의 값은?

① $-\dfrac{1}{3}e\sqrt{e}$ ② $-\dfrac{1}{2}e\sqrt{e}$ ③ $-\dfrac{2}{3}e\sqrt{e}$

④ $-\dfrac{5}{6}e\sqrt{e}$ ⑤ $-e\sqrt{e}$

14

2022학년도 모의평가

원점에서 곡선 $y=e^{|x|}$에 그은 두 접선이 이루는 예각의 크기를 θ라 할 때, $\tan\theta$의 값은?

① $\dfrac{e}{e^2+1}$ ② $\dfrac{e}{e^2-1}$ ③ $\dfrac{2e}{e^2+1}$

④ $\dfrac{2e}{e^2-1}$ ⑤ 1

정답 및 풀이 27쪽

예상문제 도전하기

15
곡선 $y=xe^x$ 위의 점 $(1, e)$에서의 접선의 방정식은?

① $y=ex$ ② $y=ex+1$ ③ $y=ex-1$

④ $y=2ex+e$ ⑤ $y=2ex-e$

16
곡선 $y=ax+b\sin x$ 위의 점 $(\pi, 2\pi)$에서의 접선의 기울기가 1일 때, 두 상수 a, b에 대하여 $5ab$의 값을 구하시오.

17
곡선 $y=\ln x^2$ 위의 점 $(k, 2\ln k)$에서의 접선이 원점을 지날 때, 상수 k의 값은? (단, $k \neq 0$)

① 1   ② 2   ③ 3

④ e ⑤ $2e$

18
곡선 $y=xe^x-1$에 접하고 기울기가 1인 접선의 방정식을 $y=f(x)$라 할 때, $f(1)$의 값은?

① $-e$ ② 0   ③ 1

④ e ⑤ $e+1$

19
곡선 $y=\sqrt{2x+12}$ 와 직선 $y=\dfrac{1}{4}x+a$가 서로 접할 때, 상수 a의 값은?

① $\dfrac{1}{2}$ ② $\dfrac{3}{2}$ ③ $\dfrac{5}{2}$

④ $\dfrac{7}{2}$ ⑤ $\dfrac{9}{2}$

20
곡선 $y=e^{3-x}$ 위의 점 $(3, 1)$에서의 접선 및 x축, y축으로 둘러싸인 부분의 넓이를 구하시오.

21
곡선 $x^3+y^2-4xy=0$ 위의 점 $(3, 9)$에서의 접선이 점 $(1, a)$를 지날 때, a의 값을 구하시오.

22
매개변수 t로 나타내어진 곡선 $x=t^3$, $y=2t^2+1$에 대하여 $t=2$에 대응하는 곡선 위의 점에서의 접선의 방정식을 $y=g(x)$라 하자. $g(2)$의 값은?

① 1   ② 2   ③ 3

④ 4   ⑤ 5

11 극대와 극소, 실근의 개수

유형

3, 4등급 유형

💡 출제가능성 ★★★★☆

출제경향 🔘 이 렇 게 출 제 되 었 다

미분법의 응용에서 가장 중요한 내용이다. 따라서 쉬운 유형, 중간 난이도 유형, 어려운 유형으로 모두 출제 가능하다. 이 교재에서는 기본적인 극대와 극소에 대한 유형과 방정식의 실근의 개수 중심으로 수능에 대비하도록 하자. 어려운 유형의 문제들은 「짱 중요한 유형」, 「짱 어려운 유형」에서 학습하자.
난이도 – 3점짜리

출제핵심 ➜ 이 것 만 은 꼬 ~ 옥

미분가능한 함수 $f(x)$에 대하여 $f'(a)=0$이 되는 $x=a$의 좌우에서 $f'(x)$의 부호가

(1) (양) ⇨ (음) 으로 바뀌면 $f(x)$는 $x=a$에서 극대이다.

(2) (음) ⇨ (양) 으로 바뀌면 $f(x)$는 $x=a$에서 극소이다.

개념 확인

❶ 함수의 극대와 극소(수학 Ⅱ 복습)

함수 $f(x)$에서 $x=a$를 포함하는 어떤 열린구간에 속하는 모든 x에 대하여

(1) $f(x) \leq f(a)$이면 $f(x)$는 $x=a$에서 극대이고, 극댓값은 $f(a)$이다.

(2) $f(x) \geq f(a)$이면 $f(x)$는 $x=a$에서 극소이고, 극솟값은 $f(a)$이다.

❷ 이계도함수를 이용한 극대와 극소의 판정

이계도함수를 갖는 함수 $f(x)$에 대하여 $f'(a)=0$일 때

(1) $f''(a)<0$이면 $f(x)$는 $x=a$에서 극대이고, 극댓값은 $f(a)$이다.

(2) $f''(a)>0$이면 $f(x)$는 $x=a$에서 극소이고, 극솟값은 $f(a)$이다.

[참고] 함수의 극대와 극소의 판정 (수학 Ⅱ 복습)

미분가능한 함수 $f(x)$에 대하여 $f'(a)=0$이 되는 $x=a$의 좌우에서 $f'(x)$의 부호가

(1) (양) ⇨ (음) 으로 바뀌면 $f(x)$는 $x=a$에서 극대이다.

(2) (음) ⇨ (양) 으로 바뀌면 $f(x)$는 $x=a$에서 극소이다.

❸ 방정식의 실근의 개수

(1) 방정식 $f(x)=0$의 실근의 개수는 함수 $y=f(x)$의 그래프와 x축의 교점의 개수와 같다.

(2) 방정식 $f(x)=g(x)$의 실근의 개수는 두 함수 $y=f(x)$, $y=g(x)$의 그래프의 교점의 개수와 같다.

기본문제 다지기

01

함수 $f(x)=x^3-12x$가 $x=a$에서 극댓값 b를 가질 때, $a+b$의 값을 구하시오.

02

함수 $f(x)=x^3-x^2-5x+k$의 극댓값이 20일 때, 상수 k의 값은?

① 13   ② 14   ③ 15
④ 16   ⑤ 17

03

함수 $f(x)=\dfrac{ax+1}{x^2-x+1}$이 $x=2$에서 극솟값 b를 가질 때, 두 상수 a, b에 대하여 $a+b$의 값은?

① $-\dfrac{3}{2}$ ② $-\dfrac{4}{3}$ ③ $-\dfrac{5}{4}$
④ $-\dfrac{6}{5}$ ⑤ $-\dfrac{7}{6}$

04

함수 $f(x)=e^x-x$의 극솟값은?

① -1 ② 0   ③ 1
④ $e-1$ ⑤ e

05

함수 $f(x)=x(\ln x-1)^2$이 $x=\alpha$에서 극대이고 $x=\beta$에서 극소일 때, $\dfrac{\beta}{\alpha}$의 값은?

① $\dfrac{1}{e^2}$ ② $\dfrac{1}{e}$ ③ 1
④ e ⑤ e^2

06

함수 $f(x)=x^2e^x$이 $x=a$에서 극댓값을 갖고 $x=b$에서 극솟값을 가질 때, $b-a$의 값은?

① $-2e$ ② -2 ③ 2
④ $2e$ ⑤ e^2

07

2021학년도 수능

$0 \leq x < 2\pi$에서 x에 대한 방정식 $x + 2\cos x - k = 0$이 서로 다른 세 실근을 갖도록 하는 실수 k의 최솟값을 구하시오.

08

2021학년도 수능

방정식 $\ln x - x + 8 - n = 0$이 서로 다른 두 실근을 갖도록 하는 자연수 n의 개수를 구하시오.

기출문제 맛보기

09

2014학년도 수능

함수 $f(x) = 2x^3 - 12x^2 + ax - 4$가 $x = 1$에서 극댓값 M을 가질 때, $a + M$의 값을 구하시오. (단, a는 상수이다.)

10

2021학년도 수능

함수 $f(x) = (x^2 - 2x - 7)e^x$의 극댓값과 극솟값을 각각 a, b라 할때, $a \times b$의 값은?

① -32 ② -30 ③ -28
④ -26 ⑤ -24

11

2020학년도 모의평가

함수 $f(x) = (x^2 - 3)e^{-x}$의 극댓값과 극솟값을 각각 a, b라 할 때, $a \times b$의 값은?

① $-12e^2$ ② $-12e$ ③ $-\dfrac{12}{e}$
④ $-\dfrac{12}{e^2}$ ⑤ $-\dfrac{12}{e^3}$

12

2017학년도 모의평가

함수 $f(x) = (x^2 - 8)e^{-x+1}$은 극솟값 a와 극댓값 b를 갖는다. 두 수 a, b의 곱 ab의 값은?

① -34 ② -32 ③ -30
④ -28 ⑤ -26

13

2012학년도 모의평가

함수 $f(x) = \dfrac{1}{2}x^2 - a\ln x\ (a>0)$의 극솟값이 0일 때, 상수 a의 값은?

① $\dfrac{1}{e}$ ② $\dfrac{2}{e}$ ③ $\sqrt{e}$

④ e ⑤ $2e$

14

2013학년도 교육청

열린구간 $(0, 2\pi)$에서 정의된 함수 $f(x) = e^x(\sin x + \cos x)$의 극댓값을 M, 극솟값을 m이라 할 때, Mm의 값은?

① $-e^{2\pi}$ ② $-e^{\pi}$ ③ $\dfrac{1}{e^{3\pi}}$

④ $\dfrac{1}{e^{2\pi}}$ ⑤ $\dfrac{1}{e^{\pi}}$

15

2024학년도 모의평가

x에 대한 방정식 $x^2 - 5x + 2\ln x = t$의 서로 다른 실근의 개수가 2가 되도록 하는 모든 실수 t의 값의 합은?

① $-\dfrac{17}{2}$ ② $-\dfrac{33}{4}$ ③ -8

④ $-\dfrac{31}{4}$ ⑤ $-\dfrac{15}{2}$

16

2022학년도 모의평가

두 함수

$$f(x) = e^x, \quad g(x) = k\sin x$$

에 대하여 방정식 $f(x) = g(x)$의 서로 다른 양의 실근의 개수가 3일 때, 양수 k의 값은?

① $\sqrt{2}e^{\frac{3\pi}{2}}$ ② $\sqrt{2}e^{\frac{7\pi}{4}}$ ③ $\sqrt{2}e^{2\pi}$

④ $\sqrt{2}e^{\frac{9\pi}{4}}$ ⑤ $\sqrt{2}e^{\frac{5\pi}{2}}$

예상문제 도전하기

17

함수 $f(x) = \dfrac{x+2}{e^x}$의 극댓값은?

① $\dfrac{1}{e^2}$ ② $\dfrac{1}{e}$ ③ 1

④ e ⑤ e^2

18

함수 $f(x) = x^2 e^{-x}$이 $x = a$에서 극댓값 b를 가질 때, ab의 값은?

① 0 ② $\dfrac{4}{e}$ ③ $\dfrac{8}{e}$

④ $\dfrac{4}{e^2}$ ⑤ $\dfrac{8}{e^2}$

정답 및 풀이 33쪽

19

양의 실수에서 정의된 함수 $f(x) = x \ln x - x$가 $x = a$에서 극솟값 β를 가질 때, $\alpha + \beta$의 값은?

① -2 ② -1 ③ 0

④ 1 ⑤ 2

20

함수 $f(x) = 2\cos x + \cos 2x \, (0 < x < 2\pi)$의 극댓값을 M, 극솟값을 m이라 할 때, $M^2 + m^2 = \dfrac{q}{p}$이다. $p + q$의 값을 구하시오. (단, p와 q는 서로소인 자연수이다.)

21

함수 $f(x) = xe^x + a$의 극솟값이 0일 때, 상수 a의 값은?

① $-e$ ② $-\dfrac{1}{e}$ ③ $\dfrac{1}{e}$

④ 1 ⑤ e

22

함수 $f(x) = 2\ln x + \dfrac{a}{x} - x$가 극댓값과 극솟값을 모두 가질 때, 실수 a의 값의 범위는?

① $-1 < a < 0$ ② $0 < a < 1$ ③ $1 < a < 2$

④ $a < -1$ ⑤ $a > 2$

23

방정식 $x - \sqrt{x-1} - n = 0$이 서로 다른 두 실근을 갖도록 하는 실수 n의 최댓값을 구하시오.

24

방정식 $\ln(e^x - 4) = 3x + a \, (x > 0)$가 실근을 갖기 위한 실수 a의 값의 범위는?

① $a < \ln 36$ ② $0 < a < \ln 108$

③ $a \le -\ln 36$ ④ $-\ln 108 < a \le 0$

⑤ $a \le -\ln 108$

꿈을 이루려면 …

찰리 패덕은 유명한 육상 선수였다. 찰리 패덕이 어느 날 클리블랜드에 있는 고등학교에서 연설을 했다.
"지금 이 강당에 미래의 올림픽 챔피언이 있을지 모릅니다."
연설을 끝난 직후 아주 야위고 볼품없이 키만 껑충 큰 한 흑인 소년이 찰리 패덕에게 다가와 수줍어하며 이렇게 말했다.
"제가 미래의 어느 날엔가 최고의 육상선수가 될 수 있다면 저는 그 일을 위해 제 모든 것을 바치겠습니다."
이 말을 들을 찰리 패덕은 이 흑인 소년에게 열정적으로 대답했다.
"할 수 있네. 젊은이! 자네가 그것을 자네의 목표로 삼고 모든 것을 그 일에 쏟아 붓는다면 분명 그렇게 될 수 있네."
그런데 얼마 후 1936년 뮌헨올림픽에서 그 깡마르고 다리만 길었던 흑인 소년 제시 오웬즈는 세계기록을 갱신하고 금메달을 땄다.
제시 오웬즈는 기쁨을 가득 안고 고향으로 돌아왔다.
그런데 그날 키가 껑충한 다른 한 흑인 소년이 사람들 틈을 헤치고 다가와 제시 오웬즈에게 말했다.
"저도 꼭 언젠가는 육상선수가 되어 올림픽에 나가고 싶습니다."
제시는 옛날의 자신을 생각하면서 그 소년의 손을 꼭 잡고 말했다.
"애야, 큰 꿈을 가져라. 그리고 네가 가진 모든 것을 그것에 쏟아 부어라."
이 말을 들은 해리슨 달라드도 올림픽에서 금메달리스트가 되었다.

여러분도 큰 꿈을 가지십시오.
그리고 그것을 이루기 위해 모든 것을 쏟아 붓는다면 반드시 이루어집니다.

유형 12

속도와 가속도

3등급 유형

💡 출제가능성 ★☆☆☆☆

출제경향 🔘 이 렇 게 출 제 되 었 다

미분 단원 또는 적분 단원에서 속도, 가속도, 움직인 거리 등에 관한 문제가 출제될 수 있다. 수학 Ⅱ의 적분에서 움직인 거리에 관한 문제가 출제되므로 미적분에서도 이 유형에 한 번 더 대비하자.
난이도 — 3점짜리

출제핵심 🔘 이 것 만 은 꼬 ~ 옥

좌표평면 위를 움직이는 점 $P(x, y)$의 시각 t에서의 위치가 $x=f(t)$, $y=g(t)$일 때, 시각 t에서의 점 P의

(1) 속도 : $\left(\dfrac{dx}{dt}, \dfrac{dy}{dt} \right) = (f'(t), g'(t))$

(2) 가속도 : $\left(\dfrac{d^2x}{dt^2}, \dfrac{d^2y}{dt^2} \right) = (f''(t), g''(t))$

개념 확인

❶ 직선 운동에서의 속도와 가속도

수직선 위를 움직이는 점 P의 시각 t에서의 위치 x가 t에 대한 함수 $x=f(t)$로 나타내어질 때, 시각 t에서의 점 P의

(1) 속도 : $v = \dfrac{dx}{dt} = f'(t)$

(2) 가속도 : $a = \dfrac{d^2x}{dt^2} = f''(t)$

❷ 평면 운동에서의 속도와 가속도

좌표평면 위를 움직이는 점 $P(x, y)$의 시각 t에서의 위치가 $x=f(t)$, $y=g(t)$일 때, 시각 t에서의 점 P의

(1) 속도 : $\left(\dfrac{dx}{dt}, \dfrac{dy}{dt} \right) = (f'(t), g'(t))$

속력 : $\sqrt{\left(\dfrac{dx}{dt} \right)^2 + \left(\dfrac{dy}{dt} \right)^2} = \sqrt{\{f'(t)\}^2 + \{g'(t)\}^2}$

(2) 가속도 : $\left(\dfrac{d^2x}{dt^2}, \dfrac{d^2y}{dt^2} \right) = (f''(t), g''(t))$

가속도의 크기 : $\sqrt{\left(\dfrac{d^2x}{dt^2} \right)^2 + \left(\dfrac{d^2y}{dt^2} \right)^2} = \sqrt{\{f''(t)\}^2 + \{g''(t)\}^2}$

기본문제 다지기

01

수직선 위를 움직이는 점 P의 시각 t에서의 위치 x가

$x=3\sin 2t+\cos 3t$일 때, 시각 $t=\dfrac{\pi}{3}$에서의 점 P의 속도는?

① -5 ② -4 ③ -3
④ -2 ⑤ -1

02

수직선 위를 움직이는 점 P의 시각 t에서의 위치 x가

$x=\sin\left(\pi t-\dfrac{\pi}{3}\right)$일 때, 시각 $t=1$에서의 점 P의 가속도는?

① $-\dfrac{\pi}{2}$ ② $-\dfrac{\sqrt{2}}{2}\pi$ ③ $-\dfrac{\sqrt{3}}{2}\pi$
④ $-\dfrac{\pi^2}{2}$ ⑤ $-\dfrac{\sqrt{3}}{2}\pi^2$

03

수직선 위를 움직이는 점 P의 시각 t에서의 위치 x가

$x=2-ae^{-t}$이다. $t=2$에서의 점 P의 속도가 $\dfrac{2}{e^2}$일 때, 시각

$t=1$에서의 점 P의 속도는? (단, a는 상수이다.)

① $\dfrac{1}{2e}$ ② $\dfrac{1}{e}$ ③ $\dfrac{2}{e}$
④ $\dfrac{1}{e^2}$ ⑤ $\dfrac{2}{e^2}$

04

좌표평면 위를 움직이는 점 P의 시각 t에서의 위치 $(x,\ y)$가
$x=t^3,\ y=2t^2$이다. $t=2$일 때, 점 P의 속력은?

① $\sqrt{13}$ ② $2\sqrt{13}$ ③ $3\sqrt{13}$
④ $4\sqrt{13}$ ⑤ $5\sqrt{13}$

05

좌표평면 위를 움직이는 점 P의 시각 t에서의 위치 $(x,\ y)$가
$x=t^3-t^2,\ y=t^2+5t$일 때, 시각 $t=1$에서의 점 P의 가속도의
크기는?

① $2\sqrt{2}$ ② $2\sqrt{3}$ ③ $2\sqrt{5}$
④ $3\sqrt{2}$ ⑤ $5\sqrt{3}$

06

좌표평면 위를 움직이는 점 P의 시각 t에서의 위치 $(x,\ y)$가
$x=6\sin t,\ y=4\cos t$일 때, 시각 $t=\dfrac{\pi}{4}$에서의 점 P의 가속
도의 크기는?

① $\sqrt{17}$ ② $\sqrt{21}$ ③ $\sqrt{23}$
④ $\sqrt{26}$ ⑤ $\sqrt{29}$

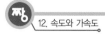

기출문제 맛보기

07

2017학년도 수능

좌표평면 위를 움직이는 점 P의 시각 $t\,(t>0)$에서의 위치 $(x,\,y)$가

$$x=t-\frac{2}{t},\ y=2t+\frac{1}{t}$$

이다. 시각 $t=1$에서 점 P의 속력은?

① $2\sqrt{2}$ ② 3 ③ $\sqrt{10}$

④ $\sqrt{11}$ ⑤ $2\sqrt{3}$

08

2018학년도 수능

좌표평면 위를 움직이는 점 P의 시각 $t\,(0<t<\pi)$에서의 위치 $P(x,\,y)$가

$$x=\sqrt{3}\sin t,\ y=2\cos t-5$$

이다. 시각 $t=\dfrac{\pi}{6}$에서 점 P의 속도가 $(a,\,b)$일 때, $a+b$의 값은?

① $\dfrac{1}{10}$ ② $\dfrac{1}{5}$ ③ $\dfrac{3}{10}$

④ $\dfrac{2}{5}$ ⑤ $\dfrac{1}{2}$

09

2019학년도 모의평가

좌표평면 위를 움직이는 점 P의 시각 $t\,(t\geq0)$에서의 위치 $(x,\,y)$가

$$x=3t-\sin t,\ y=4-\cos t$$

이다. 점 P의 속력의 최댓값을 M, 최솟값을 m이라 할 때, $M+m$의 값은?

① 3 ② 4 ③ 5

④ 6 ⑤ 7

10

2020학년도 수능

좌표평면 위를 움직이는 점 P의 시각 $t\left(0<t<\dfrac{\pi}{2}\right)$에서의 위치 $(x,\,y)$가

$$x=t+\sin t\cos t,\ y=\tan t$$

이다. $0<t<\dfrac{\pi}{2}$에서 점 P의 속력의 최솟값은?

① 1 ② $\sqrt{3}$ ③ 2

④ $2\sqrt{2}$ ⑤ $2\sqrt{3}$

11

2019학년도 수능

좌표평면 위를 움직이는 점 P의 시각 $t\,(t\geq0)$에서의 위치 $(x,\,y)$가

$$x=1-\cos 4t,\ y=\frac{1}{4}\sin 4t$$

이다. 점 P의 속력이 최대일 때, 점 P의 가속도의 크기를 구하시오.

12

2019학년도 모의평가

좌표평면 위를 움직이는 점 P의 시각 $t\,(0<t<\pi)$에서의 위치 $P(x,\,y)$가

$$x=2t-\cos t,\ y=4-\sin t$$

이다. 시각 $t=\alpha\,(0<\alpha<\pi)$에서의 점 P의 속도를 $(v_1,\,v_2)$, 가속도를 $(a_1,\,a_2)$라 하자. $v_1a_1+v_2a_2=1$을 만족시킬 때, α의 값은?

① $\dfrac{\pi}{6}$ ② $\dfrac{\pi}{3}$ ③ $\dfrac{\pi}{2}$

④ $\dfrac{2\pi}{3}$ ⑤ $\dfrac{5\pi}{6}$

13

2020학년도 모의평가

좌표평면 위를 움직이는 점 P의 시각 $t\,(t>0)$에서의 위치 $(x,\,y)$가

$$x=\frac{1}{2}e^{2(t-1)}-at,\quad y=be^{t-1}$$

이다. 시각 $t=1$에서의 점 P의 속도가 $(-1,\,2)$일 때, $a+b$의 값을 구하시오. (단, a와 b는 상수이다.)

예상문제 도전하기

14

수직선 위를 움직이는 점 P의 시각 t에서의 위치 x가

$$x=3t+2\sin\left(3t+\frac{\pi}{3}\right)$$

일 때, 점 P의 속도의 최댓값은?

① 3 ② 5 ③ 7
④ 9 ⑤ 11

15

수직선 위를 움직이는 점 P의 시각 t에서의 위치 x는
$$x=10t-a\ln(t+1)$$
이다. 시각 $t=1$에서의 점 P의 속도가 6일 때, 시각 $t=3$에서의 점 P의 속도는? (단, a는 상수이다.)

① 5 ② 6 ③ 7
④ 8 ⑤ 9

16

좌표평면 위를 움직이는 점 P의 시각 t에서의 위치 $(x,\,y)$가 $x=at$, $y=t^2+t$일 때, 시각 $t=1$에서의 점 P의 속력이 $3\sqrt{2}$가 되도록 하는 양수 a의 값은?

① 1 ② 2 ③ 3
④ 4 ⑤ 5

17

좌표평면 위를 움직이는 점 P의 시각 t에서의 위치 $(x,\,y)$가 $x=3t$, $y=-t^2+4t$일 때, 속력이 최소가 되는 순간의 점 P의 위치는?

① $(2,\,3)$ ② $(3,\,2)$ ③ $(4,\,4)$
④ $(4,\,6)$ ⑤ $(6,\,4)$

18

좌표평면 위를 움직이는 점 P의 시각 t에서의 위치 $(x,\,y)$가 $x=1+\sin 2t$, $y=t+\cos 2t$일 때, 점 P의 속력의 최댓값을 구하시오.

19

좌표평면 위를 움직이는 점 P의 시각 t에서의 위치 $(x,\,y)$가 $x=a\sin t$, $y=\cos t$일 때, 시각 $t=\frac{\pi}{3}$에서의 점 P의 속력이 $\frac{\sqrt{7}}{2}$이다. 시각 $t=\frac{\pi}{2}$에서의 점 P의 가속도의 크기는?

(단, a는 양수이다.)

① 1 ② 2 ③ 3
④ 4 ⑤ 5

13 정적분의 계산

2, 3등급 유형

💡 출제가능성 ★★★☆☆

출제경향 ⊙ 이 렇 게 출 제 되 었 다

기본적인 부정적분 공식을 이용하는 쉬운 유형의 계산 문제가 3점으로 출제될 수도 있으나 최근 어려워진 수능에서는 까다로운 계산 문제가 출제되는 경향이므로 이 교재에서 기본 공식을 확실히 외우고 적용하는 연습을 충분히 하도록 하자.
난이도 - 2, 3점짜리

출제핵심 ➡ 이 것 만 은 꼬 ~ 옥

함수 $f(x)$가 구간 $[a, b]$에서 연속이고 $F'(x)=f(x)$일 때,

(1) $\displaystyle\int_a^b f(x)\,dx=\Big[\,F(x)\,\Big]_a^b=F(b)-F(a)$

(2) $\displaystyle\int_a^a f(x)\,dx=0$, $\displaystyle\int_a^b f(x)\,dx=-\int_b^a f(x)\,dx$

개념 확인

① 함수 $y=x^n$ (n은 실수)의 정적분

(1) $\displaystyle\int_a^b x^n\,dx=\Big[\,\frac{1}{n+1}x^{n+1}\,\Big]_a^b$ (단, $n\neq-1$)

(2) $\displaystyle\int_a^b \frac{1}{x}\,dx=\Big[\,\ln|x|\,\Big]_a^b$

② 지수함수의 정적분

(1) $\displaystyle\int_a^b e^x\,dx=\Big[\,e^x\,\Big]_a^b$

(2) $\displaystyle\int_a^b a^x\,dx=\Big[\,\frac{a^x}{\ln a}\,\Big]_a^b$ (단, $a>0$, $a\neq1$)

③ 삼각함수의 정적분

(1) $\displaystyle\int_a^b \sin x\,dx=\Big[\,-\cos x\,\Big]_a^b$

(2) $\displaystyle\int_a^b \cos x\,dx=\Big[\,\sin x\,\Big]_a^b$

(3) $\displaystyle\int_a^b \sec^2 x\,dx=\Big[\,\tan x\,\Big]_a^b$

(4) $\displaystyle\int_a^b \csc^2 x\,dx=\Big[\,-\cot x\,\Big]_a^b$

(5) $\displaystyle\int_a^b \sec x\tan x\,dx=\Big[\,\sec x\,\Big]_a^b$

(6) $\displaystyle\int_a^b \csc x\cot x\,dx=\Big[\,-\csc x\,\Big]_a^b$

④ 정적분의 성질

임의의 세 실수 a, b, c를 포함하는 구간에서 두 함수 $f(x)$, $g(x)$가 연속일 때,

(1) $\displaystyle\int_a^b kf(x)\,dx=k\int_a^b f(x)\,dx$ (단, k는 상수)

(2) $\displaystyle\int_a^b \{f(x)+g(x)\}\,dx=\int_a^b f(x)\,dx+\int_a^b g(x)\,dx$

(3) $\displaystyle\int_a^b \{f(x)-g(x)\}\,dx=\int_a^b f(x)\,dx-\int_a^b g(x)\,dx$

(4) $\displaystyle\int_a^b f(x)\,dx=\int_a^c f(x)\,dx+\int_c^b f(x)\,dx$

기본문제 다지기

01

정적분 $\displaystyle\int_0^2 (3x^2-2x)\,dx$의 값은?

① 2   ② 4   ③ 6

④ 8   ⑤ 10

02

정적분 $\displaystyle\int_0^1 \sqrt{x}\,dx$의 값은?

① $\dfrac{1}{4}$ ② $\dfrac{1}{3}$ ③ $\dfrac{1}{2}$

④ $\dfrac{2}{3}$ ⑤ $\dfrac{3}{4}$

03

정적분 $\displaystyle\int_0^3 x\sqrt{x}\,dx - \int_2^3 x\sqrt{x}\,dx$의 값은?

① $\dfrac{4\sqrt{2}}{5}$ ② $\dfrac{4\sqrt{2}}{3}$ ③ $\dfrac{8\sqrt{2}}{5}$

④ $\dfrac{12\sqrt{2}}{5}$ ⑤ $\dfrac{8\sqrt{2}}{3}$

04

정적분 $\displaystyle\int_1^e \dfrac{1}{x}\,dx$의 값은?

① $\dfrac{1}{e}$ ② 1   ③ 2

④ e ⑤ $2e$

05

정적분 $\displaystyle\int_0^2 e^x\,dx$의 값은?

① e^2-2 ② e^2-1 ③ e^2

④ e^2+1 ⑤ e^2+2

06

정적분 $\displaystyle\int_0^1 \dfrac{2}{e^x}\,dx$의 값은?

① $-\dfrac{2}{e}+2$ ② $\dfrac{2}{e}$ ③ $-\dfrac{2}{e}+1$

④ $\dfrac{2}{e}-1$ ⑤ $\dfrac{2}{e}-2$

07

$\displaystyle\int_0^1 (e^{2x}+1)\,dx$의 값은?

① $\dfrac{e^2+1}{2}$ ② $\dfrac{e^2+2}{2}$ ③ $\dfrac{2e^2+1}{2}$

④ e^2+1 ⑤ e^2+2

08

정적분 $\displaystyle\int_0^\pi \sin x\,dx$의 값은?

① -2 ② -1 ③ 0

④ 1   ⑤ 2

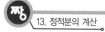

 기출문제 맛보기

09
2016학년도 모의평가

$\displaystyle\int_1^{16} \frac{1}{\sqrt{x}}\,dx$의 값을 구하시오.

10
2020학년도 모의평가

$\displaystyle\int_0^{\ln 3} e^{x+3}\,dx$의 값은?

① $\dfrac{e^3}{2}$　　　② e^3　　　③ $\dfrac{3}{2}e^3$

④ $2e^3$　　　⑤ $\dfrac{5}{2}e^3$

11
2015학년도 모의평가

$\displaystyle\int_0^1 2e^{2x}\,dx$의 값은?

① e^2-1　　② e^2+1　　③ e^2+2

④ $2e^2-1$　　⑤ $2e^2+1$

12
2018학년도 모의평가

$\displaystyle\int_2^4 2e^{2x-4}\,dx=k$일 때, $\ln(k+1)$의 값을 구하시오.

13
2016학년도 수능

$\displaystyle\int_0^e \frac{5}{x+e}\,dx$의 값은?

① $\ln 2$　　　② $2\ln 2$　　　③ $3\ln 2$

④ $4\ln 2$　　　⑤ $5\ln 2$

14
2017학년도 모의평가

$\displaystyle\int_0^3 \frac{2}{2x+1}\,dx$의 값은?

① $\ln 5$　　　② $\ln 6$　　　③ $\ln 7$

④ $3\ln 2$　　　⑤ $2\ln 3$

15
2017학년도 수능

$\displaystyle\int_0^{\frac{\pi}{2}} 2\sin x\,dx$의 값은?

① 0　　　② $\dfrac{1}{2}$　　　③ 1

④ $\dfrac{3}{2}$　　　⑤ 2

16
2022학년도 수능예시

$\displaystyle\int_{-\frac{\pi}{2}}^{\pi} \sin x\,dx$의 값은?

① -2　　　② -1　　　③ 0

④ 1　　　⑤ 2

예상문제 도전하기

17

정적분 $\int_0^1 (x+\sqrt{x})dx$의 값은?

① $\dfrac{2}{3}$

② $\dfrac{5}{6}$

③ 1

④ $\dfrac{7}{6}$

⑤ $\dfrac{4}{3}$

18

함수 $f(x)=\dfrac{1}{x}-2$에 대하여 $\int_1^e f(x)dx$의 값은?

① $2-3e$

② $1-2e$

③ $3-2e$

④ $1-e$

⑤ $2-e$

19

정적분 $\int_1^2 \left(\dfrac{1}{x}+\dfrac{1}{x^2}\right)dx+\int_1^2 \left(\dfrac{1}{x}-\dfrac{1}{x^2}\right)dx$의 값은?

① $2\ln 2$

② $\ln 2$

③ $2\ln 2-2$

④ $\ln 2-2$

⑤ $2\ln 2-4$

20

정적분 $\int_1^2 \dfrac{(x-1)(x+2)}{x^2}\,dx$의 값은?

① $\dfrac{\ln 2}{2}$

② $\ln 2$

③ $\ln 2+1$

④ $2\ln 2$

⑤ $2\ln 2+1$

21

$\int_0^3 (e^x+x)dx-\int_2^5 (e^x+x)dx+\int_3^5 (e^x+x)dx$의 값은?

① e^2-2

② e^2-1

③ e^2

④ e^2+1

⑤ e^2+2

22

정적분 $\int_0^1 \dfrac{e^{2x}}{e^x+1}dx-\int_0^1 \dfrac{1}{e^x+1}dx$의 값은?

① $-e$

② $-e+2$

③ $e-2$

④ e

⑤ $e+2$

23

$\int_0^1 (x-e^{2x})dx$의 값은?

① $\dfrac{2-e^2}{2}$

② $\dfrac{4-e^2}{2}$

③ $\dfrac{e^2-2}{2}$

④ $\dfrac{2-e^2}{4}$

⑤ $\dfrac{e^2-2}{4}$

24

정적분 $\int_{-\frac{\pi}{2}}^{\frac{\pi}{2}} (\sin x+\cos x)dx$의 값은?

① $-\dfrac{\pi}{2}$

② 0

③ 1

④ $\dfrac{\pi}{2}$

⑤ 2

유형 14 정적분의 응용

3, 4등급 유형

☀ 출제가능성 ★★★★☆

출제경향 ○ 이 렇 게 출 제 되 었 다

정적분과 미분의 관계를 이용하는 유형과 정적분과 급수의 관계를 이용하는 두 가지 유형을 공부한다. 우선 양변을 미분하는 유형인데 어떤 원리를 가지고 있는지를 잘 파악하고 문제를 해결해야 약간 응용된 문제 유형도 쉽게 해결할 수 있을 것이다. 두 번째는 무한급수로 표현된 계산을 정적분으로 고쳐서 값을 구하는 유형인데 이 유형이 최근 자주 출제되고 있다.
난이도 – 3점짜리

출제핵심 ○ 이 것 만 은 꼬 ~ 옥

$$\int_a^a f(x)\,dx = 0, \quad \frac{d}{dx}\int_a^x f(t)\,dt = f(x)$$

개념 확인

❶ 정적분과 미분의 관계

함수 $f(x)$가 닫힌구간 $[a, b]$에서 연속이고 $a \le x \le b$이면

(1) $\dfrac{d}{dx}\displaystyle\int_a^x f(t)dt = f(x)$

(2) $\dfrac{d}{dx}\displaystyle\int_a^x tf(t)dt = xf(x)$

(3) $\dfrac{d}{dx}\displaystyle\int_x^{x+a} f(t)dt = f(x+a) - f(x)$

[참고]

$g(x) = \displaystyle\int_a^x f(t)dt$일 때, $f(x)$의 부정적분을 $F(x)$라 하면

$$g(x) = \Big[F(t) \Big]_a^x = F(x) - F(a)$$

양변을 x에 대하여 미분하면

$$g'(x) = F'(x) - \{F(a)\}' = f(x)$$

한편, $g(a) = \displaystyle\int_a^a f(t)dt = F(a) - F(a) = 0$

❷ 정적분과 급수의 관계

a, b, p, k가 상수이고, $f(x)$가 연속함수일 때,

(1) $\displaystyle\lim_{n\to\infty} \sum_{k=1}^n f\Big(\dfrac{p}{n}k\Big)\dfrac{p}{n} = \displaystyle\int_0^p f(x)\,dx$

(2) $\displaystyle\lim_{n\to\infty} \sum_{k=1}^n f\Big(a+\dfrac{b-a}{n}k\Big)\dfrac{b-a}{n} = \displaystyle\int_a^b f(x)\,dx$

(3) $\displaystyle\lim_{n\to\infty} \sum_{k=1}^n f\Big(a+\dfrac{p}{n}k\Big)\dfrac{p}{n} = \displaystyle\int_a^{a+p} f(x)\,dx$
$$= \displaystyle\int_0^p f(a+x)\,dx$$

❸ 정적분과 급수의 활용

도형을 n등분하는 점에 대하여 도형의 넓이 또는 선분의 길이에 대한 규칙을 찾아 정적분으로 변형한다.

01

임의의 실수 x에 대하여 $\int_1^x f(t)\,dt = x^2 + 3x + a$가 성립할 때, 상수 a의 값은?

① -1 ② -2 ③ -3
④ -4 ⑤ -5

02

미분가능한 함수 $f(x)$가 $\int_a^x f(t)\,dt = e^{2x} + e^x - 6$을 만족시킬 때, 상수 a의 값은?

① 0 ② $\ln 2$ ③ 1
④ $\ln 3$ ⑤ $2\ln 2$

03

함수 $f(x) = \int_1^x (10 - e^t)\,dt$에 대하여 $f'(0)$의 값을 구하시오.

04

함수 $f(x)$가 모든 실수 x에 대하여

$$\int_0^x f(t)\,dt = e^{2x} - ae^x$$

을 만족시킬 때, $f'(0)$의 값을 구하시오. (단, a는 상수이다.)

05

실수 전체의 집합에서 미분가능한 함수 $f(x)$가

$$f(x) = e^x - 1 + \int_0^x f(t)\,dt$$

를 만족시킬 때, $f'(0)$의 값은?

① 1 ② 2 ③ e
④ e^2 ⑤ $2e^2$

06

$\lim_{n \to \infty} \dfrac{2}{n} \sum_{k=1}^n e^{3 + \frac{2k}{n}} = \int_a^b e^x\,dx$일 때, 두 상수 a, b에 대하여 $a + b$의 값은?

① 2 ② 4 ③ 6
④ 8 ⑤ 10

07

$\displaystyle\lim_{n \to \infty} \frac{2^2}{n^2} \sum_{k=1}^{n} k e^{\frac{2k}{n}}$ 의 값은?

① $e^2 + 2$ ② $e^2 + 1$ ③ e^2

④ $e^2 - 1$ ⑤ $e^2 - 2$

08

$\displaystyle\lim_{n \to \infty} \frac{1}{n\sqrt{n}} \sum_{k=1}^{n} \sqrt{n+k}$ 의 값은?

① $\dfrac{3\sqrt{2}-1}{3}$ ② $\dfrac{4\sqrt{2}-2}{3}$ ③ $\dfrac{3\sqrt{2}+1}{3}$

④ $\dfrac{3\sqrt{2}+2}{3}$ ⑤ $\dfrac{4\sqrt{2}+1}{3}$

09

함수 $f(x) = e^x$에 대하여 $\displaystyle\lim_{n \to \infty} \sum_{k=1}^{n} f\left(\frac{2k}{n}\right)\frac{1}{n}$의 값은?

① $\dfrac{e^2-4}{2}$ ② $\dfrac{e^2-3}{2}$ ③ $\dfrac{e^2-2}{2}$

④ $\dfrac{e^2-1}{2}$ ⑤ $\dfrac{e^2}{2}$

기출문제 맛보기

10

2012학년도 수능

함수 $F(x) = \displaystyle\int_0^x (t^3-1)dt$에 대하여 $F'(2)$의 값은?

① 11   ② 9   ③ 7

④ 5   ⑤ 3

11

2018학년도 모의평가

양의 실수 전체의 집합에서 연속인 함수 $f(x)$가

$$\int_1^x f(t)dt = x^2 - a\sqrt{x} \ (x>0)$$

을 만족시킬 때, $f(1)$의 값은? (단, a는 상수이다.)

① 1   ② $\dfrac{3}{2}$ ③ 2

④ $\dfrac{5}{2}$ ⑤ 3

12

2013학년도 모의평가

연속함수 $f(x)$가 모든 실수 x에 대하여

$$\int_0^x f(t)dt = e^x + ax + a$$

를 만족시킬 때, $f(\ln 2)$의 값은? (단, a는 상수이다.)

① 1   ② 2   ③ e

④ 3   ⑤ $2e$

13

2016학년도 모의평가

함수 $f(x)$가 $f(x)=\displaystyle\int_0^x (2at+1)dt$이고 $f'(2)=17$일 때, 상수 a의 값을 구하시오.

14

2021학년도 모의평가

$\displaystyle\lim_{n\to\infty}\sum_{k=1}^{n}\frac{2}{n}\left(1+\frac{2k}{n}\right)^4=a$일 때, $5a$의 값을 구하시오.

15

2023학년도 수능

$\displaystyle\lim_{n\to\infty}\frac{1}{n}\sum_{k=1}^{n}\sqrt{1+\frac{3k}{n}}$ 의 값은?

① $\dfrac{4}{3}$ ② $\dfrac{13}{9}$ ③ $\dfrac{14}{9}$

④ $\dfrac{5}{3}$ ⑤ $\dfrac{16}{9}$

16

2021학년도 수능

$\displaystyle\lim_{n\to\infty}\frac{1}{n}\sum_{k=1}^{n}\sqrt{\frac{3n}{3n+k}}$ 의 값은?

① $4\sqrt{3}-6$ ② $\sqrt{3}-1$ ③ $5\sqrt{3}-8$

④ $2\sqrt{3}-3$ ⑤ $3\sqrt{3}-5$

17

2015학년도 수능

함수 $f(x)=\dfrac{1}{x}$에 대하여 $\displaystyle\lim_{n\to\infty}\sum_{k=1}^{n}f\left(1+\frac{2k}{n}\right)\frac{2}{n}$의 값은?

① $\ln 2$ ② $\ln 3$ ③ $2\ln 2$

④ $\ln 5$ ⑤ $\ln 6$

18

2020학년도 수능

함수 $f(x)=4x^3+x$에 대하여 $\displaystyle\lim_{n\to\infty}\sum_{k=1}^{n}\frac{1}{n}f\left(\frac{2k}{n}\right)$의 값은?

① 6   ② 7   ③ 8

④ 9   ⑤ 10

19

2014학년도 수능

함수 $f(x)=3x^2-ax$ 가

$$\lim_{n\to\infty}\frac{1}{n}\sum_{k=1}^{n}f\left(\frac{3k}{n}\right)=f(1)$$

을 만족시킬 때, 상수 a의 값을 구하시오.

20

2022학년도 수능

$\displaystyle\lim_{n\to\infty}\sum_{k=1}^{n}\frac{k^2+2kn}{k^3+3k^2n+n^3}$ 의 값은?

① $\ln 5$ ② $\dfrac{\ln 5}{2}$ ③ $\dfrac{\ln 5}{3}$

④ $\dfrac{\ln 5}{4}$ ⑤ $\dfrac{\ln 5}{5}$

21

2020학년도 모의평가

함수 $f(x)=4x^4+4x^3$ 에 대하여 $\displaystyle\lim_{n\to\infty}\sum_{k=1}^{n}\frac{1}{n+k}f\left(\frac{k}{n}\right)$ 의 값은?

① 1 ② 2 ③ 3

④ 4 ⑤ 5

예상문제 도전하기

22

미분가능한 함수 $f(x)$ 가 $\displaystyle\int_{0}^{x}t\,f(t)dt=x^2e^x$ 을 만족시킬 때, $f'(0)$의 값은?

① 0 ② 1 ③ 2

④ 3 ⑤ 4

23

함수 $f(x)$ 가 항상 $\displaystyle\int_{0}^{x}f(t)dt=-2x^3+4x$ 를 만족시킬 때, $\displaystyle\lim_{h\to 0}\frac{f(1+2h)-f(1)}{h}$ 의 값은?

① -28 ② -26 ③ -24

④ -22 ⑤ -20

24

연속함수 $f(x)$ 가 모든 실수 x에 대하여

$$\int_{0}^{x}f(t)dt=\cos 2x+ax^2+a$$

를 만족시킬 때, $f\left(\dfrac{\pi}{2}\right)$의 값은? (단, a는 상수이다.)

① $-\pi$ ② $-\dfrac{2}{3}\pi$ ③ $-\dfrac{\pi}{2}$

④ 0 ⑤ $\dfrac{\pi}{2}$

25

미분가능한 함수 $f(x)$가

$$xf(x) = e^x + \int_1^x f(t)\,dt$$

를 만족시킬 때, $f'(1)$의 값은?

① $\dfrac{2}{e}$ ② $\dfrac{1}{e}$ ③ 1

④ e ⑤ $2e$

26

함수 $f(x)$가 임의의 실수 x에 대하여 등식

$$\int_1^x f(t)\,dt = e^{2x} + x - e^2 + a$$

를 만족시킬 때, $a + f(1)$의 값은? (단, a는 실수이다.)

① $\dfrac{e}{2}$ ② $\dfrac{e^2}{2}$ ③ $2e$

④ e^2 ⑤ $2e^2$

27

$\displaystyle\int_0^x f(t)\,dt = e^{2x} + ae^x$을 만족시키는 함수 $f(x)$에 대하여

$f(\ln 2)$의 값은? (단, a는 상수이다.)

① 2 ② 3 ③ 4

④ 5 ⑤ 6

28

$\displaystyle\lim_{n\to\infty}\frac{2}{n}\sum_{k=1}^{n} e^{2+\frac{k}{n}}$의 값은?

① 2 ② $e-1$ ③ $2(e-1)$

④ $e^2(e-1)$ ⑤ $2e^2(e-1)$

29

$\displaystyle\lim_{n\to\infty}\sum_{k=1}^{n}\frac{1}{n+k}$의 값은?

① 0 ② $\dfrac{1}{2}$ ③ $\ln 2$

④ $2\ln 2$ ⑤ 2

30

$\displaystyle\lim_{n\to\infty}\frac{1}{n^2}\sum_{k=1}^{n} k\sin\frac{k}{n}\pi$의 값은?

① $\dfrac{1}{2\pi}$ ② $\dfrac{1}{\pi}$ ③ 1

④ π ⑤ 2π

31

$\displaystyle\lim_{n\to\infty}\frac{1}{n}\left\{\frac{e^{\left(\frac{1}{n}\right)^2}}{n}+\frac{2e^{\left(\frac{2}{n}\right)^2}}{n}+\frac{3e^{\left(\frac{3}{n}\right)^2}}{n}+\cdots+\frac{ne^{\left(\frac{n}{n}\right)^2}}{n}\right\}$의 값은?

① $\dfrac{1}{4}(e-1)$ ② $\dfrac{1}{3}(e-1)$ ③ $\dfrac{1}{2}(e-1)$

④ $e-1$ ⑤ e

유형 15 치환적분법과 부분적분법

3, 4등급 유형

💡 출제가능성 ★★★★☆

출제경향 ➡ 이렇게 출제되었다

이 내용은 「짱 쉬운 유형」에서 다루기는 부담스러운 내용이다. 기본적인 내용도 이해하기 어려워하는 학생들이 많지만 워낙 중요하고 바뀌는 수능에서 쉽고 간단한 수준의 문제가 출제될 수 있어 나름대로 가볍게 준비한 유형이다. 기본기를 다지는 마음으로 공부하자.

난이도 – 3, 4점짜리

출제핵심 ➡ 이것만은 꼬~옥

1. $\int_a^b f(x)dx = \int_\alpha^\beta f(g(t))g'(t)dt$

2. $\int_a^b f(x)g'(x)dx = \Big[f(x)g(x)\Big]_a^b - \int_a^b f'(x)g(x)dx$

개념 확인

① **치환적분법을 이용한 정적분**

구간 $[a, b]$에서 연속인 함수 $f(x)$에 대하여 미분가능한 함수 $x=g(t)$의 도함수 $g'(t)$가 구간 $[\alpha, \beta]$에서 연속이고 $a=g(\alpha)$, $b=g(\beta)$이면

$$\int_a^b f(x)dx = \int_\alpha^\beta f(g(t))g'(t)dt$$

② **부분적분법을 이용한 정적분**

두 함수 $f(x)$, $g(x)$가 미분가능하고 $f'(x)$, $g'(x)$가 연속일 때,

$$\int_a^b f(x)g'(x)dx = \Big[f(x)g(x)\Big]_a^b - \int_a^b f'(x)g(x)dx$$

[참고]

부분적분법을 이용할 때
(ⅰ) $f(x)$는 미분하기 쉬운 함수
  ➡ 로그함수, 다항함수
(ⅱ) $g'(x)$는 적분하기 쉬운 함수
  ➡ 지수함수, 삼각함수

정답 및 풀이 42쪽

기본문제 다지기

01

다음 중 정적분 $\displaystyle\int_0^2 f(2x)\,dx$와 같은 것은?

① $\displaystyle 2\int_0^1 f(t)\,dt$ ② $\displaystyle \frac{1}{2}\int_0^1 f(t)\,dt$

③ $\displaystyle 2\int_0^2 f(t)\,dt$ ④ $\displaystyle \frac{1}{2}\int_0^4 f(t)\,dt$

⑤ $\displaystyle 2\int_0^4 f(t)\,dt$

02

다음은 부정적분 $\displaystyle\int \sin x \cos^2 x\,dx$를 구하는 과정이다.

$\cos x = t$로 놓으면

$$\int \sin x \cos^2 x\,dx = \int \boxed{}\,dt$$

(이하 생략)

위의 □ 안에 알맞은 것은?

① $-t^3$ ② $-t^2$ ③ t^2

④ $2t^2$ ⑤ t^3

03

정적분 $\displaystyle\int_0^{\frac{\pi}{3}} (1-\cos^2 x)\sin x\,dx$의 값은?

① $\dfrac{1}{12}$ ② $\dfrac{1}{8}$ ③ $\dfrac{1}{6}$

④ $\dfrac{5}{24}$ ⑤ $\dfrac{5}{12}$

04

다음은 정적분 $\displaystyle\int_{\frac{1}{2}}^{\frac{e^2}{2}} \frac{(\ln 2x)^2}{x}\,dx$의 값을 구하는 과정의 일부분이다.

$\ln 2x = t$로 놓으면

$$\int_{\frac{1}{2}}^{\frac{e^2}{2}} \frac{(\ln 2x)^2}{x}\,dx = \boxed{}$$

(이하 생략)

위의 □ 안에 알맞은 것은?

① $\displaystyle 2\int_0^{e^2} t^2\,dt$ ② $\displaystyle \frac{1}{2}\int_0^2 t^2\,dt$ ③ $\displaystyle \int_0^2 t^2\,dt$

④ $\displaystyle 2\int_0^2 t^2\,dt$ ⑤ $\displaystyle 4\int_0^2 t^2\,dt$

05

$\displaystyle\int_e^{e^3} \frac{(\ln x)^3}{x}\,dx$의 값을 구하시오.

06

$\displaystyle\int_1^{\sqrt{7}} \frac{x}{1+x^2}\,dx$의 값은?

① $\ln\sqrt{2}$ ② $\ln\sqrt{3}$ ③ $\ln 2$

④ $\ln 3$ ⑤ $\ln 4$

07

정적분 $\displaystyle\int_0^1 xe^x\,dx$의 값은?

① 1   ② e ③ $e+1$

④ $2e$ ⑤ $2e+1$

08

정적분 $\displaystyle\int_0^{\frac{\pi}{2}} x\cos x\,dx$의 값은?

① $-\dfrac{\pi}{2}$ ② -1 ③ $\dfrac{\pi}{2}-1$

④ $\dfrac{\pi}{2}$ ⑤ $\dfrac{\pi}{2}+1$

09

정적분 $\displaystyle\int_1^2 \ln x^2\,dx$의 값은?

① $2\ln 2-2$ ② $4\ln 2-2$ ③ 1

④ $2\ln 2$ ⑤ $4\ln 2$

기출문제 맛보기

10

2015학년도 모의평가

$\displaystyle\int_e^{e^3} \dfrac{\ln x}{x}\,dx$의 값은?

① 1   ② 2   ③ 3

④ 4   ⑤ 5

11

2018학년도 모의평가

$\displaystyle\int_1^e \dfrac{3(\ln x)^2}{x}\,dx$의 값은?

① 1   ② $\dfrac{1}{2}$ ③ $\dfrac{1}{3}$

④ $\dfrac{1}{4}$ ⑤ $\dfrac{1}{5}$

12

2024학년도 모의평가

함수 $f(x)=x+\ln x$에 대하여 $\displaystyle\int_1^e \left(1+\dfrac{1}{x}\right)f(x)\,dx$의 값은?

① $\dfrac{e^2}{2}+\dfrac{e}{2}$ ② $\dfrac{e^2}{2}+e$ ③ $\dfrac{e^2}{2}+2e$

④ e^2+e ⑤ e^2+2e

정답 및 풀이 42쪽

13
2019학년도 모의평가

$\int_1^{\sqrt{2}} x^3\sqrt{x^2-1}\,dx$의 값은?

① $\dfrac{7}{15}$　　　② $\dfrac{8}{15}$　　　③ $\dfrac{3}{5}$

④ $\dfrac{2}{3}$　　　⑤ $\dfrac{11}{15}$

14
2001학년도 수능

정적분 $\int_0^{\frac{\pi}{2}} (\sin^3 x+1)\cos x\,dx$의 값을 소수점 아래 둘째 자리까지 구하시오.

15
2019학년도 모의평가

$\int_0^{\frac{\pi}{2}} (\cos x+3\cos^3 x)\,dx$의 값을 구하시오.

16
2021학년도 모의평가

$\int_1^2 (x-1)e^{-x}\,dx$의 값은?

① $\dfrac{1}{e}-\dfrac{2}{e^2}$　　　② $\dfrac{1}{e}-\dfrac{1}{e^2}$　　　③ $\dfrac{1}{e}$

④ $\dfrac{2}{e}-\dfrac{2}{e^2}$　　　⑤ $\dfrac{2}{e}-\dfrac{1}{e^2}$

17
2019학년도 수능

$\int_0^{\pi} x\cos(\pi-x)\,dx$의 값을 구하시오.

18
2020학년도 모의평가

$\int_1^e x^3 \ln x\,dx$의 값은?

① $\dfrac{3e^4}{16}$　　　② $\dfrac{3e^4+1}{16}$　　　③ $\dfrac{3e^4+2}{16}$

④ $\dfrac{3e^4+3}{16}$　　　⑤ $\dfrac{3e^4+4}{16}$

19
2017학년도 수능

$\int_1^e \ln\dfrac{x}{e}\,dx$의 값은?

① $\dfrac{1}{e}-1$　　　② $2-e$　　　③ $\dfrac{1}{e}-2$

④ $1-e$　　　⑤ $\dfrac{1}{2}-e$

20
2018학년도 모의평가

$\int_2^6 \ln(x-1)\,dx$의 값은?

① $4\ln 5-4$　　　② $4\ln 5-3$　　　③ $5\ln 5-4$

④ $5\ln 5-3$　　　⑤ $6\ln 5-4$

21

2017학년도 모의평가

$\int_1^e x(1-\ln x)\,dx$의 값은?

① $\frac{1}{4}(e^2-7)$ ② $\frac{1}{4}(e^2-6)$ ③ $\frac{1}{4}(e^2-5)$

④ $\frac{1}{4}(e^2-4)$ ⑤ $\frac{1}{4}(e^2-3)$

22

2020학년도 수능

$\int_e^{e^2} \frac{\ln x-1}{x^2}\,dx$의 값은?

① $\frac{e+2}{e^2}$ ② $\frac{e+1}{e^2}$ ③ $\frac{1}{e}$

④ $\frac{e-1}{e^2}$ ⑤ $\frac{e-2}{e^2}$

23

2024학년도 수능

양의 실수 전체의 집합에서 정의되고 미분가능한
두 함수 $f(x)$, $g(x)$가 있다. $g(x)$는 $f(x)$의 역함수이고,
$g'(x)$는 양의 실수 전체의 집합에서 연속이다.
모든 양수 a에 대하여

$$\int_1^a \frac{1}{g'(f(x))f(x)}\,dx = 2\ln a + \ln(a+1) - \ln 2$$

이고 $f(1)=8$일 때, $f(2)$의 값은?

① 36 ② 40 ③ 44

④ 48 ⑤ 52

예상문제 도전하기

24

정적분 $\int_0^2 x^2 e^{x^3}\,dx$의 값은?

① $\frac{1}{3}(e^6-1)$ ② $\frac{1}{3}(e^8-1)$ ③ $\frac{1}{2}(e^8-1)$

④ $\frac{1}{3}(e^9-1)$ ⑤ $\frac{1}{2}(e^9-1)$

25

정적분 $\int_0^{\frac{\pi}{2}} (\sin^2 x-1)\cos x\,dx$의 값은?

① $-\frac{1}{3}$ ② $-\frac{2}{3}$ ③ -1

④ $\frac{1}{3}$ ⑤ $\frac{2}{3}$

26

정적분 $\int_0^{\frac{\pi}{2}} \frac{\sin x}{1+\cos x}\,dx$의 값은?

① $-2\ln 3-1$ ② $-2\ln 2-1$ ③ $\ln 2$
④ $\ln 3$ ⑤ $2\ln 2$

27

정적분 $\int_1^e \frac{8^2}{x(1+\ln x)^2}\,dx$의 값을 구하시오.

28

정적분 $\displaystyle\int_0^1 \frac{\ln(2x+1)}{2x+1}\,dx$의 값은?

① $\ln 3$ ② $2\ln 3$ ③ $\ln\dfrac{3}{2}$

④ $\ln\dfrac{3}{4}$ ⑤ $\dfrac{(\ln 3)^2}{4}$

29

정적분 $\displaystyle\int_0^e \frac{2x+e}{x^2+ex+e^2}\,dx$의 값은?

① $\ln 2$ ② $\ln 3$ ③ $\ln 4$

④ $\ln 5$ ⑤ $\ln 6$

30

정적분 $\displaystyle\int_0^{\frac{\pi}{4}} x\sin 2x\,dx$의 값은?

① $\dfrac{1}{4}$ ② $\dfrac{1}{6}$ ③ $\dfrac{1}{8}$

④ $\dfrac{1}{10}$ ⑤ $\dfrac{1}{12}$

31

정적분 $\displaystyle\int_0^1 (2x+1)e^{2x}\,dx$의 값은?

① $e^2-\dfrac{1}{2}$ ② e^2-1 ③ e^2

④ $e-\dfrac{1}{2}$ ⑤ $e-1$

32

$\displaystyle\int_0^1 \frac{x}{e^x}\,dx$의 값은?

① $\dfrac{e+2}{e}$ ② $\dfrac{e+1}{e}$ ③ 1

④ $\dfrac{e-1}{e}$ ⑤ $\dfrac{e-2}{e}$

33

함수 $f(x)=2x\ln x$에 대하여

$\displaystyle\int_2^4 f(x)\,dx-\int_3^4 f(x)\,dx+\int_1^2 f(x)\,dx$의 값은?

① $\ln 3-6$ ② $\ln 3-2$ ③ $\ln 3$

④ $9\ln 3-6$ ⑤ $9\ln 3-4$

유형 16 넓이

💡 출제가능성 ★★★☆☆

출제경향 ● 이렇게 출제되었다

정적분 응용의 가장 기본적이고 중요한 내용이다. 물론 어려운 유형으로 나올 수도 있지만 간단한 함수와 구간을 주고서 넓이를 구하라는 쉬운 유형의 출제도 언제나 가능성이 있으므로 연습해 보기로 하자.
난이도 - 3점짜리

출제핵심 ● 이것만은 꼬~옥

구간 $[a, b]$에서

(1) 곡선 $y=f(x)$와 x축 사이의 넓이 ➡ $S=\int_a^b |f(x)|\, dx$

(2) 두 곡선 $y=f(x)$와 $y=g(x)$ 사이의 넓이 ➡ $S=\int_a^b |f(x)-g(x)|\, dx$

개념 확인

① **곡선과 x축 사이의 넓이**

함수 $y=f(x)$가 구간 $[a, b]$에서 연속일 때, 곡선 $y=f(x)$와 x축 및 두 직선 $x=a$, $x=b$로 둘러싸인 부분의 넓이 S는

$$S=\int_a^b |f(x)|\, dx$$

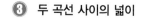

② **곡선과 y축 사이의 넓이**

함수 $x=g(y)$가 구간 $[c, d]$에서 연속일 때, 곡선 $x=g(y)$와 y축 및 두 직선 $y=c$, $y=d$로 둘러싸인 부분의 넓이 S는

$$S=\int_c^d |g(y)|\, dy$$

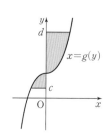

③ **두 곡선 사이의 넓이**

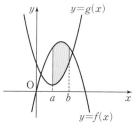

두 함수 $y=f(x)$와 $y=g(x)$가 구간 $[a, b]$에서 연속일 때, 두 곡선 $y=f(x)$, $y=g(x)$와 두 직선 $x=a$, $x=b$로 둘러싸인 부분의 넓이 S는

$$S=\int_a^b |f(x)-g(x)|\, dx$$

기본문제 다지기

01

곡선 $y=e^x$과 x축 및 두 직선 $x=-1$, $x=1$로 둘러싸인 부분의 넓이는?

① $\dfrac{1}{e}$ 　　　　 ② $\dfrac{2}{e}$ 　　　　 ③ $e-\dfrac{1}{e}$

④ $e+\dfrac{1}{e}$ 　　　　 ⑤ $2e$

02

곡선 $y=\sqrt{x}$와 x축 및 직선 $x=9$로 둘러싸인 부분의 넓이는?

① 16 　　　　 ② 18 　　　　 ③ 20

④ 22 　　　　 ⑤ 24

03

곡선 $y=\sin x$ $(0\le x\le \pi)$와 x축으로 둘러싸인 부분의 넓이는?

① 1 　　　　 ② 2 　　　　 ③ $\dfrac{\pi}{2}$

④ π 　　　　 ⑤ 2π

04

곡선 $y=\ln x$와 y축 및 두 직선 $y=-1$, $y=1$로 둘러싸인 부분의 넓이는?

① $\dfrac{1}{e}$ 　　　　 ② 1 　　　　 ③ $e-\dfrac{1}{e}$

④ e 　　　　 ⑤ $e+\dfrac{1}{e}$

05

곡선 $y=\sin \dfrac{\pi}{2}x$ $(0\le x\le 2)$와 직선 $y=x$로 둘러싸인 부분의 넓이는?

① $\dfrac{2}{\pi}-\dfrac{1}{2}$ 　 ② $\dfrac{3}{\pi}-\dfrac{1}{2}$ 　 ③ $\dfrac{4}{\pi}-\dfrac{1}{2}$

④ $\dfrac{5}{\pi}-\dfrac{1}{2}$ 　 ⑤ $\dfrac{6}{\pi}-\dfrac{1}{2}$

06

곡선 $y=\ln x$와 원점에서 이 곡선에 그은 접선 및 x축으로 둘러싸인 부분의 넓이는?

① $\dfrac{e}{2}-1$ 　　 ② $e-2$ 　　 ③ $\dfrac{e}{2}$

④ $e-\dfrac{1}{2}$ 　　 ⑤ $\dfrac{e}{2}+2$

07

두 곡선 $y=\sin x$, $y=\cos x$와 두 직선 $x=0$, $x=\pi$로 둘러싸인 부분의 넓이는?

① 1 　　　　 ② $\sqrt{2}$ 　　　　 ③ 2

④ $2\sqrt{2}$ 　　　　 ⑤ 4

08

그림과 같은 함수 $y=x\sqrt{1+x}$의 그래프에서 어두운 부분의 넓이는?

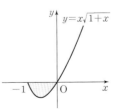

① $\dfrac{1}{5}$ 　　　　 ② $\dfrac{4}{15}$ 　　　　 ③ $\dfrac{1}{3}$

④ $\dfrac{2}{5}$ 　　　　 ⑤ $\dfrac{7}{15}$

기출문제 맛보기

09

2019학년도 모의평가

곡선 $y=|\sin 2x|+1$과 x축 및 두 직선 $x=\dfrac{\pi}{4}$, $x=\dfrac{5\pi}{4}$로 둘러싸인 부분의 넓이는?

① $\pi+1$ ② $\pi+\dfrac{3}{2}$ ③ $\pi+2$

④ $\pi+\dfrac{5}{2}$ ⑤ $\pi+3$

10

2021학년도 수능

곡선 $y=e^{2x}$과 x축 및 두 직선 $x=\ln\dfrac{1}{2}$, $x=\ln 2$로 둘러싸인 부분의 넓이는?

① $\dfrac{5}{3}$ ② $\dfrac{15}{8}$ ③ $\dfrac{15}{7}$

④ $\dfrac{5}{2}$ ⑤ 3

11

2022학년도 수능예시

곡선 $y=x\ln(x^2+1)$과 x축 및 직선 $x=1$로 둘러싸인 부분의 넓이는?

① $\ln 2-\dfrac{1}{2}$ ② $\ln 2-\dfrac{1}{4}$ ③ $\ln 2-\dfrac{1}{6}$

④ $\ln 2-\dfrac{1}{8}$ ⑤ $\ln 2-\dfrac{1}{10}$

12

2019학년도 모의평가

그림과 같이 두 곡선 $y=2^x-1$, $y=\left|\sin\dfrac{\pi}{2}x\right|$가 원점 O와 점 $(1,1)$에서 만난다. 두 곡선 $y=2^x-1$, $y=\left|\sin\dfrac{\pi}{2}x\right|$로 둘러싸인 부분의 넓이는?

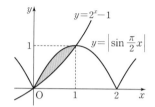

① $-\dfrac{1}{\pi}+\dfrac{1}{\ln 2}-1$ ② $\dfrac{2}{\pi}-\dfrac{1}{\ln 2}+1$

③ $\dfrac{2}{\pi}+\dfrac{1}{2\ln 2}-1$ ④ $\dfrac{1}{\pi}-\dfrac{1}{2\ln 2}+1$

⑤ $\dfrac{1}{\pi}+\dfrac{1}{\ln 2}-1$

13

2017학년도 모의평가

함수 $y=\cos 2x$의 그래프와 x축, y축 및 직선 $x=\dfrac{\pi}{12}$로 둘러싸인 영역의 넓이가 직선 $y=a$에 대하여 이등분될 때, 상수 a의 값은?

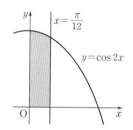

① $\dfrac{1}{2\pi}$ ② $\dfrac{1}{\pi}$ ③ $\dfrac{3}{2\pi}$

④ $\dfrac{2}{\pi}$ ⑤ $\dfrac{5}{2\pi}$

14

2015학년도 모의평가

함수 $y=e^x$의 그래프와 x축, y축 및 직선 $x=1$로 둘러싸인 영역의 넓이가 직선 $y=ax\ (0<a<e)$에 의하여 이등분될 때, 상수 a의 값은?

① $e-\dfrac{1}{3}$ ② $e-\dfrac{1}{2}$ ③ $e-1$

④ $e-\dfrac{4}{3}$ ⑤ $e-\dfrac{3}{2}$

15

2016학년도 모의평가

닫힌구간 $[0, 4]$에서 정의된 함수 $f(x)=2\sqrt{2}\sin\dfrac{\pi}{4}x$의 그래프가 그림과 같고, 직선 $y=g(x)$가 $y=f(x)$의 그래프 위의 점 $A(1, 2)$를 지난다.

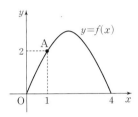

직선 $y=g(x)$가 x축에 평행할 때, 곡선 $y=f(x)$와 직선 $y=g(x)$에 의해 둘러싸인 부분의 넓이는?

① $\dfrac{16}{\pi}-4$ ② $\dfrac{17}{\pi}-4$ ③ $\dfrac{18}{\pi}-4$

④ $\dfrac{16}{\pi}-2$ ⑤ $\dfrac{17}{\pi}-2$

16

2018학년도 수능

곡선 $y=e^{2x}$과 y축 및 직선 $y=-2x+a$로 둘러싸인 영역을 A, 곡선 $y=e^{2x}$과 두 직선 $y=-2x+a$, $x=1$로 둘러싸인 영역을 B라 하자. A의 넓이와 B의 넓이가 같을 때, 상수 a의 값은?

(단, $1<a<e^2$)

① $\dfrac{e^2+1}{2}$ ② $\dfrac{2e^2+1}{4}$ ③ $\dfrac{e^2}{2}$

④ $\dfrac{2e^2-1}{4}$ ⑤ $\dfrac{e^2-1}{2}$

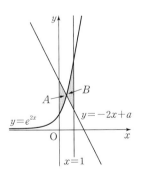

예상문제 도전하기

17

곡선 $y=e^x-1$과 x축 및 직선 $x=-1$로 둘러싸인 부분의 넓이는?

① $\dfrac{1}{e}$ ② $\dfrac{2}{e}$ ③ 1

④ e ⑤ $2e$

18

구간 $[0, \pi]$에서 함수 $y=2\sin x\cos x$의 그래프와 x축으로 둘러싸인 부분의 넓이는?

① 1 ② 2 ③ 3

④ 4 ⑤ 5

19

곡선 $y=\sqrt{x}$와 직선 $y=ax$로 둘러싸인 부분의 넓이가 $\dfrac{4}{3}$일 때, 양수 a의 값은?

① $\dfrac{1}{4}$ ② $\dfrac{1}{3}$ ③ $\dfrac{1}{2}$

④ $\dfrac{2}{3}$ ⑤ $\dfrac{3}{4}$

정답 및 풀이 48쪽

20

연속함수 $f(x)$의 그래프가 x축과 만나는 세 점의 x좌표는 0, 3, 4이다. 그림과 같이 곡선 $y=f(x)$와 x축으로 둘러싸인 두 부분 A, B의 넓이가 각각 6, 2일 때, $\int_0^2 f(2x)dx$의 값은?

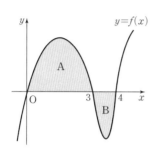

① 2   ② 4   ③ 6

④ 8   ⑤ 10

21

그림과 같이 곡선 $y=e^x-a$와 x축, y축 및 직선 $x=\ln 5$로 둘러싸인 두 부분의 넓이 S_1, S_2가 서로 같을 때, 양수 a의 값은?

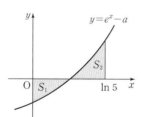

① $\dfrac{3}{\ln 5}$ ② $\dfrac{4}{\ln 5}$ ③ $\dfrac{\ln 5}{3}$

④ $\dfrac{\ln 5}{4}$ ⑤ $\dfrac{\ln 5}{5}$

22

곡선 $y=e^x$과 이 곡선 위의 점 $(1, e)$에서의 접선 및 y축으로 둘러싸인 부분의 넓이는?

① $\dfrac{e}{2}-2$ ② $\dfrac{e}{2}-1$ ③ $\dfrac{e}{2}$

④ e ⑤ $2e$

23

두 곡선 $y=e^x$, $y=e^{2x}$과 두 직선 $x=-1$, $x=1$로 둘러싸인 부분의 넓이는?

① $\dfrac{e^2}{2}-e-\dfrac{1}{e}+\dfrac{1}{2e^2}$ ② $\dfrac{e^2}{2}-e-\dfrac{1}{e}+\dfrac{1}{2e^2}+1$

③ $e^2-e-\dfrac{1}{e}+\dfrac{1}{2e^2}$ ④ $e^2-e-\dfrac{1}{e}+\dfrac{1}{2e^2}+1$

⑤ $e^2-e-\dfrac{1}{e}+\dfrac{1}{e^2}+1$

24

곡선 $y=xe^x$과 직선 $y=e$ 및 y축으로 둘러싸인 부분의 넓이는?

① $e-2$ ② $e-1$ ③ e

④ $e+1$ ⑤ $e+2$

한눈에 보는 정답 미적분

짱 쉬운 유형

유형 01 01 ① 02 ③ 03 ⑤ 04 ④ 05 ② 06 ④ 07 ① 08 ③ 09 ④ 10 ③ 11 ③ 12 ⑤ 13 ⑤
14 ④ 15 12 16 ③ 17 ③ 18 ② 19 ② 20 ② 21 ⑤ 22 ① 23 ③ 24 ② 25 ③ 26 ③ 27 ④
28 ② 29 ④ 30 ② 31 ①

유형 02 01 ① 02 ④ 03 ④ 04 3 05 ② 06 ⑤ 07 8 08 ③ 09 6 10 3 11 ⑤ 12 ① 13 ③
14 ③ 15 ③ 16 ⑤ 17 ③ 18 ⑤ 19 ⑤ 20 15 21 ④ 22 18 23 ① 24 ① 25 1 26 ① 27 ①
28 6 29 ③ 30 ① 31 2

유형 03 01 ③ 02 ④ 03 ⑤ 04 ③ 05 ① 06 ③ 07 6 08 ② 09 ③ 10 18 11 12 12 ⑤ 13 5
14 ③ 15 ③ 16 ① 17 16 18 ③ 19 ② 20 ⑤ 21 ② 22 ④ 23 12 24 ⑤ 25 10 26 ⑤ 27 ③
28 ① 29 ② 30 ③

유형 04 01 (1) 0 (2) 0 (3) 3 (4) 3 (5) 2 02 ④ 03 ③ 04 ① 05 ⑤ 06 ③ 07 ④ 08 ③ 09 ① 10 ④
11 ⑤ 12 ③ 13 ③ 14 ④ 15 ③ 16 ④ 17 ③ 18 ② 19 12 20 ① 21 ② 22 ② 23 ④ 24 ①
25 ① 26 ④ 27 ② 28 ① 29 ④ 30 ② 31 ② 32 ④ 33 ④ 34 ⑤ 35 ③ 36 ④ 37 3

유형 05 01 ② 02 ③ 03 ④ 04 ② 05 3 06 2 07 ⑤ 08 ③ 09 ④ 10 ④ 11 ③ 12 ⑤ 13 7
14 26 15 49 16 ③ 17 ② 18 ④ 19 ⑤ 20 2 21 ③ 22 ③ 23 15 24 ⑤ 25 ① 26 ④ 27 ③
28 ③ 29 ③ 30 ④ 31 ② 32 8 33 ③ 34 ⑤ 35 ③

유형 06 01 ④ 02 9 03 ① 04 ⑤ 05 ① 06 ② 07 ① 08 ④ 09 ① 10 14 11 2 12 4 13 ②
14 ③ 15 301 16 ① 17 ④ 18 ⑤ 19 ① 20 8

유형 07 01 151 02 ⑤ 03 ③ 04 16 05 ② 06 ⑤ 07 ③ 08 ① 09 ② 10 ① 11 ⑤ 12 15 13 ③
14 ④ 15 1 16 2 17 28 18 ① 19 8 20 1 21 8 22 ⑤ 23 ③ 24 ② 25 ⑤ 26 ① 27 24
28 16 29 ① 30 1 31 ④

유형 08 01 −5 02 ⑤ 03 ① 04 ④ 05 3 06 12 07 ⑤ 08 ④ 09 ① 10 ① 11 ③ 12 ⑤ 13 ④
14 ④ 15 ⑤ 16 ④ 17 ① 18 ② 19 ② 20 ② 21 ④ 22 ⑤ 23 ② 24 ③ 25 ① 26 ① 27 ④
28 ② 29 ④ 30 ② 31 ② 32 ④

유형 09 01 ③ 02 ② 03 ④ 04 ① 05 ③ 06 ③ 07 ② 08 ③ 09 ⑤ 10 ① 11 ⑤ 12 25 13 ①
14 17 15 ④ 16 ① 17 96 18 ⑤ 19 ④ 20 ① 21 5 22 ④ 23 ①

유형 10 01 ③ 02 ⑤ 03 ② 04 ④ 05 ② 06 ② 07 ④ 08 ① 09 ⑤ 10 ⑤ 11 ② 12 ① 13 ①
14 ④ 15 ⑤ 16 10 17 ④ 18 ② 19 ④ 20 8 21 6 22 ⑤

유형 11 01 14 02 ⑤ 03 ② 04 ③ 05 ⑤ 06 ③ 07 2 08 6 09 22 10 ① 11 ④ 12 ② 13 ④
14 ① 15 ② 16 ④ 17 ④ 18 ⑤ 19 ③ 20 17 21 ③ 22 ② 23 1 24 ⑤

유형 12 01 ③ 02 ⑤ 03 ③ 04 ④ 05 ③ 06 ④ 07 ③ 08 ⑤ 09 ④ 10 ③ 11 4 12 ② 13 4
14 ④ 15 ④ 16 ③ 17 ⑤ 18 3 19 ②

유형 13 01 ② 02 ④ 03 ③ 04 ② 05 ② 06 ① 07 ① 08 ⑤ 09 6 10 ④ 11 ① 12 4 13 ⑤
14 ③ 15 ⑤ 16 ④ 17 ④ 18 ③ 19 ① 20 ② 21 ④ 22 ③ 23 ① 24 ⑤

유형 14 01 ④ 02 ② 03 9 04 3 05 ① 06 ④ 07 ② 08 ② 09 ④ 10 ③ 11 ② 12 ① 13 4
14 242 15 ③ 16 ① 17 ② 18 ④ 19 12 20 ③ 21 ① 22 ④ 23 ③ 24 ① 25 ④ 26 ⑤ 27 ⑤
28 ⑤ 29 ③ 30 ② 31 ③

유형 15 01 ④ 02 ② 03 ④ 04 ③ 05 20 06 ③ 07 ① 08 ③ 09 ② 10 ④ 11 ① 12 ② 13 ②
14 1.25 15 3 16 ① 17 2 18 ② 19 ② 20 ③ 21 ⑤ 22 ⑤ 23 ④ 24 ② 25 ② 26 ③ 27 32
28 ⑤ 29 ② 30 ① 31 ① 32 ⑤ 33 ⑤

유형 16 01 ③ 02 ② 03 ② 04 ③ 05 ① 06 ① 07 ④ 08 ② 09 ③ 10 ② 11 ① 12 ② 13 ③
14 ③ 15 ① 16 ① 17 ① 18 ② 19 ③ 20 ① 21 ② 22 ② 23 ② 24 ②

짱 쉬운 확장판으로 수능 4등급은 확보!!!

짱 쉬운 유형은 풀만하던가요?

짱 쉬운 유형만 풀 수 있어도 수능 4등급은 충분합니다.

짱 쉬운 유형 문항 수 2배 + 짱 쉬운 모의고사 5회로 구성

총3종 수학Ⅰ, 수학Ⅱ, 확률과 통계

짱 쉬운 유형

짱 확장판

짱 쉬운을 풀고
더 많은 문제가
필요할 때

• • • • • ▶▶

짱시리즈의 완결판!

짱 Final

실전모의고사

짱 시리즈는 연계가 아니라 적중입니다!!!

수능 문제지와
가장 유사한
난이도와 문제로 구성된
실전 모의고사 8회

EBS교재
연계 문항을 수록한
실전 모의고사 교재

짱 쉬운 유형
미적분

기출!
나는 수능에
나오는 유형만
공부한다!

정답 및 풀이

아름다운 샘과 함께
수학의 자신감과 최고 실력을 완성!!!

아름다운 샘과 함께
수학의 자신감과 최고 실력을 완성!!!

유형 01 수열의 극한

기본문제 다지기
본문 009~010쪽

01 ①	02 ③	03 ⑤	04 ④
05 ②	06 ④	07 ①	08 ③
09 ④			

기출문제 맛보기
본문 010~012쪽

10 ③	11 ③	12 ⑤	13 ⑤
14 ④	15 12	16 ③	17 ③
18 ②	19 ②	20 ②	21 ⑤
22 ①			

01 $\lim\limits_{n\to\infty}\dfrac{2}{n}$ 는 $\dfrac{(상수)}{\infty}$ 꼴이므로 0에 수렴한다.

02 분모의 최고차항 n^2으로 분모, 분자를 나누면

$$\lim_{n\to\infty}\frac{4n-1}{n^2+2n}=\lim_{n\to\infty}\frac{\dfrac{4}{n}-\dfrac{1}{n^2}}{1+\dfrac{2}{n}}=0$$

03 $\lim\limits_{n\to\infty}\dfrac{3n+1}{n-3}=\lim\limits_{n\to\infty}\dfrac{3+\dfrac{1}{n}}{1-\dfrac{3}{n}}=\dfrac{3+0}{1-0}=3$

04 $\lim\limits_{n\to\infty}\dfrac{n-1}{2n+1}=\lim\limits_{n\to\infty}\dfrac{1-\dfrac{1}{n}}{2+\dfrac{1}{n}}=\dfrac{1}{2}$

05 $\lim\limits_{n\to\infty}\dfrac{n^2+2}{3n^2+3}=\lim\limits_{n\to\infty}\dfrac{1+\dfrac{2}{n^2}}{3+\dfrac{3}{n^2}}=\dfrac{1}{3}$

06 $\lim\limits_{n\to\infty}\dfrac{2n^2+1}{3n^2-5n}=\lim\limits_{n\to\infty}\dfrac{2+\dfrac{1}{n^2}}{3-\dfrac{5}{n}}=\dfrac{2}{3}$

07 분자, 분모를 n으로 나누면

$$\lim_{n\to\infty}\frac{3}{\sqrt{n^2+1}}=\lim_{n\to\infty}\frac{\dfrac{3}{n}}{\sqrt{1+\dfrac{1}{n^2}}}=0$$

08 $\lim\limits_{n\to\infty}\dfrac{3n+1}{\sqrt{n^2-2}}=\lim\limits_{n\to\infty}\dfrac{3+\dfrac{1}{n}}{\sqrt{1-\dfrac{2}{n^2}}}=3$

09 $\lim\limits_{n\to\infty}(\sqrt{n^2+n}-n)=\lim\limits_{n\to\infty}\dfrac{(\sqrt{n^2+n}-n)(\sqrt{n^2+n}+n)}{\sqrt{n^2+n}+n}$

$$=\lim_{n\to\infty}\frac{n^2+n-n^2}{\sqrt{n^2+n}+n}=\lim_{n\to\infty}\frac{n}{\sqrt{n^2+n}+n}$$

$$=\lim_{n\to\infty}\frac{1}{\sqrt{1+\dfrac{1}{n}}+1}=\frac{1}{2}$$

10 $\lim\limits_{n\to\infty}\dfrac{6n^2-3}{2n^2+5n}=\lim\limits_{n\to\infty}\dfrac{6-\dfrac{3}{n^2}}{2+\dfrac{5}{n}}=3$

11 $\lim\limits_{n\to\infty}\dfrac{3n^2+n+1}{2n^2+1}=\lim\limits_{n\to\infty}\dfrac{3+\dfrac{1}{n}+\dfrac{1}{n^2}}{2+\dfrac{1}{n^2}}=\dfrac{3}{2}$

12 $\lim\limits_{n\to\infty}\dfrac{5n^3+1}{n^3+3}=\lim\limits_{n\to\infty}\dfrac{5+\dfrac{1}{n^3}}{1+\dfrac{3}{n^3}}=5$

13 $\lim\limits_{n\to\infty}\dfrac{\dfrac{5}{n}+\dfrac{3}{n^2}}{\dfrac{1}{n}-\dfrac{2}{n^2}}=\lim\limits_{n\to\infty}\dfrac{\left(\dfrac{5}{n}+\dfrac{3}{n^2}\right)\times n}{\left(\dfrac{1}{n}-\dfrac{2}{n^3}\right)\times n}$

$$=\lim_{n\to\infty}\frac{5+\dfrac{3}{n}}{1-\dfrac{2}{n^2}}=5$$

14 $\lim\limits_{n\to\infty}\dfrac{(2n+1)^2-(2n-1)^2}{2n+5}$

$$=\lim_{n\to\infty}\frac{(4n^2+4n+1)-(4n^2-4n+1)}{2n+5}$$

$$=\lim_{n\to\infty}\frac{8n}{2n+5}=\lim_{n\to\infty}\frac{8}{2+\dfrac{5}{n}}$$

$$=\frac{8}{2+0}=4$$

15 $\lim\limits_{n\to\infty}\dfrac{an^2+bn+7}{3n+1}=4$에서 $a\ne0$이면 ∞ 또는 $-\infty$로 발산하므로 $a=0$이다. 즉,

$$\lim_{n\to\infty}\frac{bn+7}{3n+1}=\lim_{n\to\infty}\frac{b+\dfrac{7}{n}}{3+\dfrac{1}{n}}=\frac{b}{3}$$

이므로 $\dfrac{b}{3}=4$에서 $b=12$

$\therefore a+b=0+12=12$

16 $\displaystyle\lim_{n\to\infty} \frac{\sqrt{9n^2+4}}{5n-2} = \lim_{n\to\infty} \frac{\sqrt{9+\dfrac{4}{n^2}}}{5-\dfrac{2}{n}}$

$\qquad\qquad = \dfrac{\sqrt{9+0}}{5-0} = \dfrac{3}{5}$

17 $\displaystyle\lim_{n\to\infty} \frac{\sqrt{9n^2+4n+1}}{2n+5} = \lim_{n\to\infty} \frac{\sqrt{9+\dfrac{4}{n}+\dfrac{1}{n^2}}}{2+\dfrac{5}{n}}$

$\qquad\qquad = \dfrac{\sqrt{9}}{2} = \dfrac{3}{2}$

18 $\displaystyle\lim_{n\to\infty} \frac{1}{\sqrt{n^2+n+1}-n}$

$\displaystyle = \lim_{n\to\infty} \frac{\sqrt{n^2+n+1}+n}{(n^2+n+1)-n^2}$

$\displaystyle = \lim_{n\to\infty} \frac{\sqrt{n^2+n+1}+n}{n+1}$

$\displaystyle = \lim_{n\to\infty} \frac{\sqrt{1+\dfrac{1}{n}+\dfrac{1}{n^2}}+1}{1+\dfrac{1}{n}}$

$\displaystyle = \dfrac{1+1}{1} = 2$

19 $\displaystyle\lim_{n\to\infty} \frac{1}{\sqrt{4n^2+2n+1}-2n}$

$\displaystyle = \lim_{n\to\infty} \frac{\sqrt{4n^2+2n+1}+2n}{(\sqrt{4n^2+2n+1})^2-(2n)^2}$

$\displaystyle = \lim_{n\to\infty} \frac{\sqrt{4n^2+2n+1}+2n}{2n+1}$

$\displaystyle = \lim_{n\to\infty} \frac{\sqrt{1+\dfrac{1}{2n}+\dfrac{1}{4n^2}}+1}{1+\dfrac{1}{2n}}$

$\displaystyle = \dfrac{1+1}{1} = 2$

20 $\displaystyle\lim_{n\to\infty} (\sqrt{9n^2+12n}-3n)$

$\displaystyle = \lim_{n\to\infty} \frac{(\sqrt{9n^2+12n}-3n)(\sqrt{9n^2+12n}+3n)}{\sqrt{9n^2+12n}+3n}$

$\displaystyle = \lim_{n\to\infty} \frac{12n}{\sqrt{9n^2+12n}+3n}$

$\displaystyle = \lim_{n\to\infty} \frac{12}{\sqrt{9+\dfrac{12}{n}}+3}$

$\displaystyle = \dfrac{12}{\sqrt{9+0}+3} = 2$

21 $\displaystyle\lim_{n\to\infty} (\sqrt{n^2+9n}-\sqrt{n^2+4n})$

$\displaystyle = \lim_{n\to\infty} \left\{ (\sqrt{n^2+9n}-\sqrt{n^2+4n}) \times \frac{\sqrt{n^2+9n}+\sqrt{n^2+4n}}{\sqrt{n^2+9n}+\sqrt{n^2+4n}} \right\}$

$\displaystyle = \lim_{n\to\infty} \frac{(n^2+9n)-(n^2+4n)}{\sqrt{n^2+9n}+\sqrt{n^2+4n}}$

$\displaystyle = \lim_{n\to\infty} \frac{5n}{\sqrt{n^2+9n}+\sqrt{n^2+4n}}$

$\displaystyle = \lim_{n\to\infty} \frac{5}{\sqrt{1+\dfrac{9}{n}}+\sqrt{1+\dfrac{4}{n}}}$

$\displaystyle = \dfrac{5}{2}$

22 $\displaystyle\lim_{n\to\infty} \frac{1}{\sqrt{n^2+3n}-\sqrt{n^2+n}}$

$\displaystyle = \lim_{n\to\infty} \frac{\sqrt{n^2+3n}+\sqrt{n^2+n}}{(n^2+3n)-(n^2+n)}$

$\displaystyle = \lim_{n\to\infty} \frac{\sqrt{n^2+3n}+\sqrt{n^2+n}}{2n}$

$\displaystyle = \lim_{n\to\infty} \frac{\sqrt{1+\dfrac{3}{n}}+\sqrt{1+\dfrac{1}{n}}}{2}$

$\displaystyle = \dfrac{1+1}{2} = 1$

예상문제 도전하기

본문 012~013쪽

23 ③	24 ②	25 ③	26 ③
27 ④	28 ②	29 ④	30 ②
31 ①			

23 $\displaystyle\lim_{n\to\infty} \frac{2n^2-1}{3n^2+1} = \lim_{n\to\infty} \frac{2-\dfrac{1}{n^2}}{3+\dfrac{1}{n^2}}$

$\qquad\qquad = \dfrac{2}{3}$

24 $\displaystyle\lim_{n\to\infty} \frac{2n^2-n}{(n+1)(n-1)} = \lim_{n\to\infty} \frac{2n^2-n}{n^2-1}$

$\displaystyle\qquad\qquad = \lim_{n\to\infty} \frac{2-\dfrac{1}{n}}{1-\dfrac{1}{n^2}}$

$\displaystyle\qquad\qquad = 2$

25 $\displaystyle\lim_{n\to\infty} \frac{3-\dfrac{1}{n^2}}{2-\dfrac{1}{n}+\dfrac{2}{n^2}} = \dfrac{3}{2}$

26 $\displaystyle\lim_{n\to\infty} \frac{2n+\dfrac{5}{n^2}}{5n-\dfrac{2}{n}} = \lim_{n\to\infty} \frac{2+\dfrac{5}{n^3}}{5-\dfrac{2}{n^2}}$

$\qquad\qquad = \dfrac{2}{5}$

27 $\displaystyle\lim_{n\to\infty}\frac{an-2}{n+1}=\lim_{n\to\infty}\frac{a-\dfrac{2}{n}}{1+\dfrac{1}{n}}=a$

$\therefore a=-3$

28 $a_n=S_n-S_{n-1}$
$=(n^2+2n)-\{(n-1)^2+2(n-1)\}$
$=(n^2+2n)-(n^2-1)$
$=2n+1$ (단, $n\geq 2$)

$\therefore \displaystyle\lim_{n\to\infty}\frac{na_n}{S_n}=\lim_{n\to\infty}\frac{2n^2+n}{n^2+2n}$

$=\displaystyle\lim_{n\to\infty}\frac{2+\dfrac{1}{n}}{1+\dfrac{2}{n}}=2$

29 $\displaystyle\lim_{n\to\infty}\frac{n-2}{\sqrt{4n^2+1}-n}=\lim_{n\to\infty}\frac{1-\dfrac{2}{n}}{\sqrt{4+\dfrac{1}{n^2}}-1}$

$=\dfrac{1}{\sqrt{4}-1}$

$=1$

30 $\displaystyle\lim_{n\to\infty}\frac{\sqrt{n^2+2}-2n}{n+1}=\lim_{n\to\infty}\frac{\sqrt{1+\dfrac{2}{n^2}}-2}{1+\dfrac{1}{n}}$

$=\dfrac{\sqrt{1}-2}{1}$

$=-1$

31 $\displaystyle\lim_{n\to\infty}(\sqrt{n^2+2n}-n)=\lim_{n\to\infty}\frac{(\sqrt{n^2+2n}-n)(\sqrt{n^2+2n}+n)}{\sqrt{n^2+2n}+n}$

$=\displaystyle\lim_{n\to\infty}\frac{2n}{\sqrt{n^2+2n}+n}$

$=\displaystyle\lim_{n\to\infty}\frac{2}{\sqrt{1+\dfrac{2}{n}}+1}$

$=\dfrac{2}{1+1}$

$=1$

---

02 등비수열의 극한과 극한의 성질

기본문제 다지기

본문 015~016쪽

01 ①	02 ④	03 ④	04 3
05 ②	06 ⑤	07 8	08 ③
09 6			

01 $\displaystyle\lim_{n\to\infty}\left(\frac{2}{3}\right)^n=0$, $\displaystyle\lim_{n\to\infty}\left(\frac{1}{2}\right)^n=0$이므로

$\displaystyle\lim_{n\to\infty}\left\{\left(\frac{2}{3}\right)^n+\left(\frac{1}{2}\right)^n\right\}=0$

02 $\displaystyle\lim_{n\to\infty}\frac{2\times5^n}{5^n}=\lim_{n\to\infty}2=2$

03 $3^{n+1}=3\times3^n$이므로

$\displaystyle\lim_{n\to\infty}\frac{3^{n+1}}{3^n}=\lim_{n\to\infty}\frac{3\times3^n}{3^n}=\lim_{n\to\infty}3=3$

04 $2^{n+1}=2\times2^n$이므로

$\displaystyle\lim_{n\to\infty}\frac{6\times2^n}{2^{n+1}}=\lim_{n\to\infty}\frac{6\times2^n}{2\times2^n}=\lim_{n\to\infty}3=3$

05 $\displaystyle\lim_{n\to\infty}\frac{2^{n+1}+1}{2^n}=\lim_{n\to\infty}\left\{2+\left(\frac{1}{2}\right)^n\right\}=2+0=2$

06 $\displaystyle\lim_{n\to\infty}\frac{4^{n+1}+2^n}{4^n}=\lim_{n\to\infty}\left\{4+\left(\frac{2}{4}\right)^n\right\}=4+0=4$

07 $\displaystyle\lim_{n\to\infty}\frac{a_n2^{n+1}}{2^n+3}=\lim_{n\to\infty}\frac{2a_n}{1+\dfrac{3}{2^n}}=2\times4=8$

08 $\displaystyle\lim_{n\to\infty}(2a_n+3)=15$이므로 $2a_n+3=b_n$이라 하면

$a_n=\dfrac{b_n-3}{2}$이고 $\displaystyle\lim_{n\to\infty}b_n=15$

$\therefore \displaystyle\lim_{n\to\infty}a_n=\lim_{n\to\infty}\frac{b_n-3}{2}=\frac{15-3}{2}=6$

[다른 풀이]

$\displaystyle\lim_{n\to\infty}a_n=\alpha$ (α는 실수)라 하면

$\displaystyle\lim_{n\to\infty}(2a_n+3)=2\alpha+3=15$

따라서 $\alpha=6$이므로 $\displaystyle\lim_{n\to\infty}a_n=6$

09 $\displaystyle\lim_{n\to\infty}\frac{a_n}{3}=4$이므로 $\dfrac{a_n}{3}=b_n$이라 하면

$a_n=3b_n$이고 $\displaystyle\lim_{n\to\infty}b_n=4$

$\therefore \displaystyle\lim_{n\to\infty}\frac{na_n}{2n+1}=\lim_{n\to\infty}\frac{3nb_n}{2n+1}=\lim_{n\to\infty}\frac{3b_n}{2+\dfrac{1}{n}}=6$

[다른 풀이]

$$\lim_{n\to\infty}\frac{na_n}{2n+1}=\lim_{n\to\infty}\frac{\dfrac{a_n}{3}}{\dfrac{2}{3}+\dfrac{1}{3n}}=\frac{4}{\dfrac{2}{3}}=6$$

기출문제 맛보기

본문 016~017쪽

10 3	11 ⑤	12 ①	13 ③
14 ③	15 ③	16 ⑤	17 ③
18 ⑤	19 ⑤		

10 $\lim_{n\to\infty}\dfrac{3\times9^n-13}{9^n}=\lim_{n\to\infty}\left\{3-13\times\left(\dfrac{1}{9}\right)^n\right\}=3$

11 $\lim_{n\to\infty}\dfrac{4\times3^{n+1}+1}{3^n}=\lim_{n\to\infty}\left\{4\times3+\left(\dfrac{1}{3}\right)^n\right\}$
$$=12+0=12$$

12 $\lim_{n\to\infty}\dfrac{5^n-3}{5^{n+1}}=\lim_{n\to\infty}\left(\dfrac{1}{5}-\dfrac{3}{5^{n+1}}\right)$
$$=\dfrac{1}{5}-\lim_{n\to\infty}\dfrac{3}{5^{n+1}}=\dfrac{1}{5}$$

13 $\lim_{n\to\infty}\dfrac{3\times4^n+2^n}{4^n+3}=\lim_{n\to\infty}\dfrac{3+\left(\dfrac{1}{2}\right)^n}{1+\dfrac{3}{4^n}}=3$

14 $\lim_{n\to\infty}\dfrac{2\times3^{n+1}+5}{3^n+2^{n+1}}=\lim_{n\to\infty}\dfrac{6+5\times\left(\dfrac{1}{3}\right)^n}{1+2\times\left(\dfrac{2}{3}\right)^n}$
$$=\dfrac{6+5\times0}{1+2\times0}=6$$

15 $\lim_{n\to\infty}\dfrac{a\times6^{n+1}-5^n}{6^n+5^n}=\lim_{n\to\infty}\dfrac{6a-\left(\dfrac{5}{6}\right)^n}{1+\left(\dfrac{5}{6}\right)^n}=6a=4$
$$\therefore a=\dfrac{2}{3}$$

16 $\lim_{n\to\infty}\left(2+\dfrac{1}{3^n}\right)\left(a+\dfrac{1}{2^n}\right)=2\times a=10 \qquad \therefore a=5$

17 첫째항이 3이고 공비가 3인 등비수열 $\{a_n\}$의 일반항 a_n은
$$a_n=3\times3^{n-1}=3^n$$
$$\therefore \lim_{n\to\infty}\dfrac{3^{n+1}-7}{a_n}=\lim_{n\to\infty}\dfrac{3\times3^n-7}{3^n}$$
$$=\lim_{n\to\infty}\left\{3-7\times\left(\dfrac{1}{3}\right)^n\right\}=3$$

18 등비수열 $\{a_n\}$의 첫째항을 a, 공비를 r라 하면
$$a_n=ar^{n-1}$$
$$\lim_{n\to\infty}\dfrac{a_n+1}{3^n+2^{2n-1}}=\lim_{n\to\infty}\dfrac{a\times\dfrac{r^{n-1}}{4^n}+\left(\dfrac{1}{4}\right)^n}{\left(\dfrac{3}{4}\right)^n+\dfrac{1}{2}}$$
이고 극한값이 존재하므로 $r=4$
따라서
$$\lim_{n\to\infty}\dfrac{a_n+1}{3^n+2^{2n-1}}=\lim_{n\to\infty}\dfrac{\dfrac{a}{4}+\left(\dfrac{1}{4}\right)^n}{\left(\dfrac{3}{4}\right)^n+\dfrac{1}{2}}$$
$$=\dfrac{a}{2}=3$$
에서 $a=6$이므로
$$a_2=ar=6\times4=24$$

19 $\lim_{n\to\infty}\dfrac{a_n+2}{2}=6$에서 $\dfrac{a_n+2}{2}=b_n$이라 하면
$$a_n=2b_n-2$$이고 $\lim_{n\to\infty}b_n=6$
따라서
$$\lim_{n\to\infty}\dfrac{na_n+1}{a_n+2n}=\lim_{n\to\infty}\dfrac{n(2b_n-2)+1}{(2b_n-2)+2n}$$
$$=\lim_{n\to\infty}\dfrac{2b_n-2+\dfrac{1}{n}}{\dfrac{2b_n}{n}-\dfrac{2}{n}+2}$$
$$=\dfrac{2\times6-2+0}{0-0+2}=5$$

예상문제 도전하기

본문 018~019쪽

20 15	21 ④	22 18	23 ①
24 ①	25 1	26 ①	27 ①
28 6	29 ③	30 ①	31 2

20 $\lim_{n\to\infty}\dfrac{3\times5^{n+1}-4}{5^n}=\lim_{n\to\infty}\left\{15-4\times\left(\dfrac{1}{5}\right)^n\right\}=15$

21 $\lim_{n\to\infty}\dfrac{2\times3^{n+1}+1}{3^n-2}=\lim_{n\to\infty}\dfrac{2\times3+\left(\dfrac{1}{3}\right)^n}{1-2\times\left(\dfrac{1}{3}\right)^n}=6$

22 $\lim_{n\to\infty}\dfrac{6\times3^{n+1}-2^{n+1}}{3^n+2^n}=\lim_{n\to\infty}\dfrac{6\times3-2\times\left(\dfrac{2}{3}\right)^n}{1+\left(\dfrac{2}{3}\right)^n}=18$

23 $\lim_{n\to\infty}\dfrac{2^n-5^{n+1}}{3^n+5^n}=\lim_{n\to\infty}\dfrac{\left(\dfrac{2}{5}\right)^n-5}{\left(\dfrac{3}{5}\right)^n+1}=-5$

24 $\displaystyle\lim_{n\to\infty}\frac{2\times4^n+3}{4^{n+1}+2^n}=\lim_{n\to\infty}\frac{2\times4^n+3}{4\times4^n+2^n}$

$\displaystyle\qquad=\lim_{n\to\infty}\frac{2+3\times\left(\frac{1}{4}\right)^n}{4+\left(\frac{1}{2}\right)^n}$

$\displaystyle\qquad=\frac{2}{4}=\frac{1}{2}$

25 $\displaystyle\lim_{n\to\infty}\frac{6^n+3^n}{(2^n+1)(3^n+1)}=\lim_{n\to\infty}\frac{6^n+3^n}{6^n+2^n+3^n+1}$

$\displaystyle\qquad=\lim_{n\to\infty}\frac{1+\left(\frac{3}{6}\right)^n}{1+\left(\frac{2}{6}\right)^n+\left(\frac{3}{6}\right)^n+\left(\frac{1}{6}\right)^n}$

$\displaystyle\qquad=1$

26 $\displaystyle\lim_{n\to\infty}\frac{5^{n-1}}{5^n-3^n}=\lim_{n\to\infty}\frac{\frac{1}{5}}{1-\left(\frac{3}{5}\right)^n}=\frac{1}{5}$

27 $\displaystyle\lim_{n\to\infty}\frac{8^{n+1}+3^{2n-2}}{3^{2n}-8^n}=\lim_{n\to\infty}\frac{8\times8^n+\frac{1}{9}\times9^n}{9^n-8^n}$

$\displaystyle\qquad=\lim_{n\to\infty}\frac{8\times\left(\frac{8}{9}\right)^n+\frac{1}{9}}{1-\left(\frac{8}{9}\right)^n}$

$\displaystyle\qquad=\frac{1}{9}$

28 $\displaystyle\lim_{n\to\infty}\frac{a\times3^n+1}{3^{n+1}+2^n}=\lim_{n\to\infty}\frac{a+\left(\frac{1}{3}\right)^n}{3+\left(\frac{2}{3}\right)^n}$

$\displaystyle\qquad=\frac{a}{3}=2$

$\therefore a=6$

29 첫째항이 5이고 공비가 r인 등비수열 $\{a_n\}$의 일반항 a_n은

$a_n=5\times r^{n-1}$

$a_2=5r=10$

$\therefore r=2$

따라서 $a_n=5\times2^{n-1}$이므로

$\displaystyle\lim_{n\to\infty}\frac{3\times2^{n+1}+4}{a_n}=\lim_{n\to\infty}\frac{3\times2^{n+1}+4}{5\times2^{n-1}}$

$\displaystyle\qquad=\lim_{n\to\infty}\frac{6+4\times\left(\frac{1}{2}\right)^n}{\frac{5}{2}}$

$\displaystyle\qquad=\frac{12}{5}$

30 $\displaystyle\lim_{n\to\infty}\frac{a_n-3}{2}=3$에서 $\dfrac{a_n-3}{2}=b_n$이라 하면

$a_n=2b_n+3$이고 $\displaystyle\lim_{n\to\infty}b_n=3$

$\displaystyle\therefore\lim_{n\to\infty}\frac{3^n+2}{a_n3^n}=\lim_{n\to\infty}\left(\frac{1}{2b_n+3}\times\frac{3^n+2}{3^n}\right)$

$\displaystyle\qquad=\lim_{n\to\infty}\frac{1}{2b_n+3}\times\lim_{n\to\infty}\left(1+\frac{2}{3^n}\right)$

$\displaystyle\qquad=\frac{1}{2\times3+3}=\frac{1}{9}$

31 $\displaystyle\lim_{n\to\infty}\frac{12n^2+1}{n^2a_n-1}=3$에서 $\dfrac{12n^2+1}{n^2a_n-1}=b_n$이라 하면

$a_n=\dfrac{12n^2+b_n+1}{n^2b_n}$이고 $\displaystyle\lim_{n\to\infty}b_n=3$

$\displaystyle\therefore\lim_{n\to\infty}\frac{a_n2^n+2}{2^{n+1}}=\lim_{n\to\infty}\frac{\left(\dfrac{12n^2+b_n+1}{n^2b_n}\right)\times2^n+2}{2^{n+1}}$

$\displaystyle\qquad=\lim_{n\to\infty}\left\{\frac{1}{2}\left(\frac{12+\dfrac{b_n}{n^2}+\dfrac{1}{n^2}}{b_n}\right)+\frac{1}{2^n}\right\}$

$\displaystyle\qquad=\frac{1}{2}\times\frac{12}{3}=2$

03 급수

기본문제 다지기

본문 021~022쪽

01 ③ 02 ④ 03 ⑤ 04 ③
05 ① 06 ③ 07 6 08 ②
09 ③

01 수열 $\{a_n\}$은 첫째항이 a, 공비가 $\dfrac{1}{2}$인 등비수열이므로

$a_1+a_2+a_3+\cdots=\dfrac{a}{1-\dfrac{1}{2}}$

$\qquad=\dfrac{a}{\dfrac{1}{2}}$

$\qquad=2a$

02 수열 $\{a_n\}$은 첫째항이 4, 공비가 $\dfrac{1}{2}$인 등비수열이므로

$\displaystyle\sum_{n=1}^{\infty}a_n=a_1+a_2+a_3+\cdots$

$\qquad=\dfrac{4}{1-\dfrac{1}{2}}$

$\qquad=\dfrac{4}{\dfrac{1}{2}}$

$\qquad=8$

03 수열 $\{a_n\}$은 첫째항이 6, 공비가 $\frac{1}{3}$인 등비수열이므로

$$\sum_{n=1}^{\infty} a_n = a_1 + a_2 + a_3 + \cdots$$
$$= \frac{6}{1-\frac{1}{3}}$$
$$= \frac{6}{\frac{2}{3}}$$
$$= \frac{18}{2} = 9$$

04 급수 $\sum_{n=1}^{\infty}\left(\frac{x}{3}\right)^n$은 첫째항이 $\frac{x}{3}$이고, 공비가 $\frac{x}{3}$인 등비급수이다.

(i) $x=0$인 경우

첫째항이 0이므로 주어진 등비급수는 수렴한다.

(ii) $x \neq 0$인 경우

$-1 < \frac{x}{3} < 1$에서 $-3 < x < 3$

정수 x의 값은

$-2, -1, 1, 2$

(i), (ii)에서 정수 x의 개수는

$1+4=5$

05 급수 $\sum_{n=1}^{\infty} a_n$이 3에 수렴하므로 $\lim_{n\to\infty} a_n = 0$

06 급수 $\sum_{n=1}^{\infty} (a_n - 4)$가 8에 수렴하므로 $\lim_{n\to\infty}(a_n-4)=0$

$a_n - 4 = b_n$이라 하면 $a_n = b_n + 4$

$\therefore \lim_{n\to\infty} a_n = \lim_{n\to\infty}(b_n+4)$
$= 0+4$
$= 4$

07 수열 $\{a_n\}$은 첫째항이 3, 공차가 2인 등차수열이므로

$a_n = 3 + (n-1) \times 2 = 2n+1$

급수 $\sum_{n=1}^{\infty}\left(\frac{kn}{a_n}-3\right)$이 수렴하므로

$\lim_{n\to\infty}\left(\frac{kn}{a_n}-3\right) = \lim_{n\to\infty}\left(\frac{kn}{2n+1}-3\right)$
$= \lim_{n\to\infty}\left(\frac{k}{2+\frac{1}{n}}-3\right)$
$= \frac{k}{2}-3=0$

따라서 $k=6$

08 $\sum_{n=1}^{\infty}\frac{1}{n(n+1)} = \sum_{n=1}^{\infty}\left(\frac{1}{n}-\frac{1}{n+1}\right)$
$=\left(1-\frac{1}{2}\right)+\left(\frac{1}{2}-\frac{1}{3}\right)+\left(\frac{1}{3}-\frac{1}{4}\right)+\cdots$
$=\lim_{n\to\infty}\left\{\left(1-\frac{1}{2}\right)+\left(\frac{1}{2}-\frac{1}{3}\right)+\left(\frac{1}{3}-\frac{1}{4}\right)+\cdots\right.$
$\left.+\left(\frac{1}{n-1}-\frac{1}{n}\right)+\left(\frac{1}{n}-\frac{1}{n+1}\right)\right\}$
$=\lim_{n\to\infty}\left(1-\frac{1}{n+1}\right)$
$=1$

$\therefore a=1$

09 $\{a_n\}$이 등비수열이므로

$a_n = a \times r^n$으로 놓으면

$\lim_{n\to\infty}\frac{4^n}{a_n-2^n} = \lim_{n\to\infty}\frac{4^n}{a\times r^n - 2^n}$
$= \lim_{n\to\infty}\frac{1}{a\times\left(\frac{r}{4}\right)^n - \left(\frac{1}{2}\right)^n} = 4$

$\lim_{n\to\infty}\left(\frac{1}{2}\right)^n = 0$이므로

$\lim_{n\to\infty} a \times \left(\frac{r}{4}\right)^n = \frac{1}{4}$이어야 한다.

$\therefore a=\frac{1}{4}, \ r=4$

따라서 $a_n = \frac{1}{4}\times 4^n$이므로

$a_3 = \frac{1}{4}\times 4^3 = 16$

기출문제 맛보기   본문 022~024쪽

10 18	11 12	12 ⑤	13 5
14 ③	15 ③	16 ①	17 16
18 ③	19 ②	20 ⑤	21 ②

10 수열 $\{a_n\}$은 첫째항이 12, 공비가 $\frac{1}{3}$인 등비수열이므로

$$\sum_{n=1}^{\infty} a_n = \frac{12}{1-\frac{1}{3}} = 18$$

11 수열 $\{a_n\}$은 공비가 $\frac{1}{5}$인 등비수열이고 $\sum_{n=1}^{\infty} a_n = 15$이므로

$\sum_{n=1}^{\infty} a_n = \frac{a_1}{1-\frac{1}{5}} = \frac{5}{4}a_1 = 15$

$\therefore a_1 = 12$

12 급수 $\sum_{n=1}^{\infty}\left(\frac{x}{5}\right)^n$은 첫째항이 $\frac{x}{5}$이고, 공비가 $\frac{x}{5}$인 등비급수이다.

(i) $x=0$인 경우

첫째항이 0이므로 주어진 등비급수는 수렴한다.

(ii) $x \neq 0$인 경우

$-1 < \frac{x}{5} < 1$에서 $-5 < x < 5$

정수 x의 값은

$-4, -3, -2, -1, 1, 2, 3, 4$

(i), (ii)에서 정수 x의 개수는

$1+8=9$

13 급수 $\sum_{n=1}^{\infty}\left(a_n - \frac{5n}{n+1}\right)$이 수렴하므로

$$\lim_{n \to \infty}\left(a_n - \frac{5n}{n+1}\right)=0$$

$a_n - \dfrac{5n}{n+1}=b_n$이라 하면

$a_n = b_n + \dfrac{5n}{n+1}$이고 $\lim\limits_{n \to \infty} b_n = 0$이므로

$$\lim_{n \to \infty} a_n = \lim_{n \to \infty}\left(b_n + \frac{5n}{n+1}\right)=5$$

14 등차수열 $\{a_n\}$의 첫째항이 4이므로 공차를 d라 하면

$a_n = 4+(n-1)d$

이때 급수

$\displaystyle\sum_{n=1}^{\infty}\left(\dfrac{a_n}{n} - \dfrac{3n+7}{n+2}\right)$

이 수렴하므로

$$\lim_{n \to \infty}\left(\frac{a_n}{n} - \frac{3n+7}{n+2}\right)$$

$$=\lim_{n \to \infty}\left\{\frac{4+(n-1)d}{n} - \frac{3n+7}{n+2}\right\}$$

$$=\lim_{n \to \infty}\left(\frac{d+\frac{4-d}{n}}{1} - \frac{3+\frac{7}{n}}{1+\frac{2}{n}}\right)$$

$$=d-3=0$$

그러므로

$d=3$

이때 $a_n = 3n+1$이므로 주어진 급수에 대입하면

$\displaystyle\sum_{n=1}^{\infty}\left(\dfrac{a_n}{n} - \dfrac{3n+7}{n+2}\right)$

$$=\sum_{n=1}^{\infty}\left(\frac{3n+1}{n} - \frac{3n+7}{n+2}\right)$$

$$=\sum_{n=1}^{\infty}\left\{\left(3+\frac{1}{n}\right)-\left(3+\frac{1}{n+2}\right)\right\}$$

$$=\sum_{n=1}^{\infty}\left(\frac{1}{n} - \frac{1}{n+2}\right)$$

$$=\lim_{n \to \infty}\sum_{k=1}^{n}\left(\frac{1}{k} - \frac{1}{k+2}\right)$$

$$=\lim_{n \to \infty}\left\{\left(\frac{1}{1}-\frac{1}{3}\right)+\left(\frac{1}{2}-\frac{1}{4}\right)+\left(\frac{1}{3}-\frac{1}{5}\right)+\cdots\right.$$
$$\left.+\left(\frac{1}{n-1} - \frac{1}{n+1}\right)+\left(\frac{1}{n} - \frac{1}{n+2}\right)\right\}$$

$$=\lim_{n \to \infty}\left(1+\frac{1}{2} - \frac{1}{n+1} - \frac{1}{n+2}\right)$$

$$=\frac{3}{2}$$

15 급수 $\displaystyle\sum_{n=1}^{\infty}(2a_n - 3)$이 수렴하므로

$$\lim_{n \to \infty}(2a_n - 3)=0$$

$2a_n - 3 = b_n$이라 하면

$a_n = \dfrac{1}{2}(b_n + 3)$이고 $\lim\limits_{n \to \infty} b_n = 0$이므로

$$\lim_{n \to \infty} a_n = \lim_{n \to \infty}\frac{1}{2}(b_n + 3)=\frac{3}{2}$$

즉, $r=\dfrac{3}{2}$이므로

$$\lim_{n \to \infty}\frac{r^{n+2}-1}{r^n + 1}=\lim_{n \to \infty}\frac{\left(\frac{3}{2}\right)^{n+2}-1}{\left(\frac{3}{2}\right)^n + 1}$$

$$=\lim_{n \to \infty}\frac{\frac{9}{4} - \left(\frac{2}{3}\right)^n}{1+\left(\frac{2}{3}\right)^n}$$

$$=\frac{\frac{9}{4}-0}{1+0}=\frac{9}{4}$$

16 $\displaystyle\sum_{n=1}^{\infty}\dfrac{a_n}{n}=10$이므로 $\lim\limits_{n \to \infty}\dfrac{a_n}{n}=0$이다.

$$\therefore \lim_{n \to \infty}\frac{a_n + 2a_n^2 + 3n^2}{a_n^2 + n^2}=\lim_{n \to \infty}\frac{\frac{a_n}{n^2}+2\left(\frac{a_n}{n}\right)^2 + 3}{\left(\frac{a_n}{n}\right)^2 + 1}$$

$$=\frac{0+0+3}{0+1}=3$$

17 등비수열 $\{a_n\}$의 공비를 $r \ (r>0)$라 하면

$a_1 + a_2 = a_1 + a_1 r = a_1(1+r)=20$

$$\therefore a_1 = \frac{20}{1+r} \qquad \cdots\cdots \,\text{㉠}$$

$$\sum_{n=3}^{\infty} a_n = \frac{a_3}{1-r}=\frac{a_1 r^2}{1-r}=\frac{4}{3}$$

$$\therefore 3a_1 r^2 = 4(1-r) \qquad \cdots\cdots \,\text{㉡}$$

㉠을 ㉡에 대입하면 $3\left(\dfrac{20}{1+r}\right)r^2 = 4(1-r)$

$15r^2 = (1-r)(1+r)$

$r^2 = \dfrac{1}{16} \qquad \therefore r=\dfrac{1}{4} \ (\because r>0)$

$r=\dfrac{1}{4}$을 ㉠에 대입하면

$a_1 = 16$

18 $\{a_n\}$이 등비수열이므로

$a_n = a \times r^n$으로 놓으면

$$\lim_{n \to \infty}\frac{3^n}{a_n + 2^n}=\lim_{n \to \infty}\frac{3^n}{a \times r^n + 2^n}$$

$$=\lim_{n \to \infty}\frac{1}{a\times\left(\frac{r}{3}\right)^n + \left(\frac{2}{3}\right)^n}=6$$

$\lim\limits_{n \to \infty}\left(\dfrac{2}{3}\right)^n = 0$이므로

$\lim\limits_{n \to \infty} a\times\left(\dfrac{r}{3}\right)^n = \dfrac{1}{6}$이어야 한다.

$\therefore a=\dfrac{1}{6}, \ r=3$

따라서 $a_n = \dfrac{1}{6}\times 3^n$이므로

$$\sum_{n=1}^{\infty}\frac{1}{a_n}=6\sum_{n=1}^{\infty}\left(\frac{1}{3}\right)^n$$

$$=\frac{2}{1-\frac{1}{3}}=3$$

19 등비수열 $\{a_n\}$의 첫째항을 a, 공비를 r라 하면

$$a_n = ar^{n-1}$$

이때

$$\begin{aligned}a_{2n-1} - a_{2n} &= ar^{2n-2} - ar^{2n-1}\\ &= ar^{2n-2}(1-r)\\ &= a(1-r)(r^2)^{n-1}\end{aligned}$$

이므로 수열 $\{a_{2n-1} - a_{2n}\}$은 첫째항이 $a(1-r)$이고 공비가 r^2인 등비수열이다.

따라서 $\displaystyle\sum_{n=1}^{\infty}(a_{2n-1}-a_{2n})=3$에서

$$-1 < r < 1$$

이고

$$\frac{a(1-r)}{1-r^2}=3$$

이고 $r \neq 1$이므로

$$\frac{a}{1+r}=3 \quad \cdots\cdots \text{㉠}$$

또, $\displaystyle\sum_{n=1}^{\infty}a_n^{\,2}=\sum_{n=1}^{\infty}a^2 r^{2n-2}=6$이므로

$$\frac{a^2}{1-r^2}=\frac{a}{1-r}\times\frac{a}{1+r}=6$$

따라서 ㉠에서

$$\frac{a}{1-r}\times 3=6$$

이므로

$$\frac{a}{1-r}=2$$

따라서

$$\sum_{n=1}^{\infty}a_n=\sum_{n=1}^{\infty}ar^{n-1}=\frac{a}{1-r}=2$$

20 등차수열 $\{a_n\}$의 공차를 $d\,(d>0)$이라 하면

$$\frac{1}{a_n a_{n+1}}=\frac{1}{d}\left(\frac{1}{a_n}-\frac{1}{a_{n+1}}\right)$$

이므로

$$\begin{aligned}\sum_{k=1}^{n}\frac{1}{a_k a_{k+1}}&=\frac{1}{d}\sum_{k=1}^{n}\left(\frac{1}{a_k}-\frac{1}{a_{k+1}}\right)\\ &=\frac{1}{d}\left\{\left(\frac{1}{a_1}-\frac{1}{a_2}\right)+\left(\frac{1}{a_2}-\frac{1}{a_3}\right)+\right.\\ &\qquad\qquad\left.\cdots+\left(\frac{1}{a_n}-\frac{1}{a_{n+1}}\right)\right\}\\ &=\frac{1}{d}\left(\frac{1}{a_1}-\frac{1}{a_{n+1}}\right) \quad\cdots\cdots\text{㉠}\end{aligned}$$

이때

$$a_n = a_1 + (n-1)d = 1 + dn - d$$

이므로

$$\lim_{n\to\infty}a_n = \lim_{n\to\infty}(1+dn-d)=\infty$$

$$\lim_{n\to\infty}a_{n+1}=\lim_{n\to\infty}a_n=\infty$$

$$\lim_{n\to\infty}\frac{1}{a_{n+1}}=0$$

㉠에서

$$\begin{aligned}\sum_{n=1}^{\infty}\frac{1}{a_n a_{n+1}}&=\lim_{n\to\infty}\sum_{k=1}^{n}\frac{1}{a_k a_{k+1}}\\ &=\lim_{n\to\infty}\frac{1}{d}\left(\frac{1}{a_1}-\frac{1}{a_{n+1}}\right)\\ &=\frac{1}{d}\left(\lim_{n\to\infty}1-\lim_{n\to\infty}\frac{1}{a_{n+1}}\right)\end{aligned}$$

$$=\frac{1}{d}$$

$\displaystyle\sum_{n=1}^{\infty}\left(\frac{1}{a_n a_{n+1}}+b_n\right)=2$에서

$\dfrac{1}{a_n a_{n+1}}+b_n=c_n$이라 하면

$$\sum_{n=1}^{\infty}c_n=2$$

$b_n = c_n - \dfrac{1}{a_n a_{n+1}}$이므로 급수의 성질에 의하여

$$\begin{aligned}\sum_{n=1}^{\infty}b_n&=\sum_{n=1}^{\infty}\left(c_n-\frac{1}{a_n a_{n+1}}\right)\\ &=\sum_{n=1}^{\infty}c_n-\sum_{n=1}^{\infty}\frac{1}{a_n a_{n+1}}\\ &=2-\frac{1}{d} \quad\cdots\cdots\text{㉡}\end{aligned}$$

따라서 등비급수 $\displaystyle\sum_{n=1}^{\infty}b_n$이 수렴하므로 등비수열 $\{b_n\}$의 공비를 r이라 하면

$-1 < r < 1$이고 $a_2 b_2 = (1+d)r = 1$에서

$$r=\frac{1}{1+d}$$

이때 $d > 0$이므로

$$\sum_{n=1}^{\infty}b_n=\frac{b_1}{1-r}=\frac{1}{1-\dfrac{1}{1+d}}=\frac{1+d}{d} \quad\cdots\cdots\text{㉢}$$

이므로 ㉡, ㉢에서

$$2-\frac{1}{d}=\frac{1+d}{d},$$

$$\frac{2d-1}{d}=\frac{1+d}{d}$$

$$d=2$$

㉡ 또는 ㉢에서

$$\sum_{n=1}^{\infty}b_n=\frac{3}{2}$$

21 $\displaystyle\sum_{n=1}^{\infty}\frac{2}{n(n+2)}=\lim_{n\to\infty}\sum_{k=1}^{n}\frac{2}{k(k+2)}$

$$=\lim_{n\to\infty}\sum_{k=1}^{n}\left(\frac{1}{k}-\frac{1}{k+2}\right)$$

$$=\lim_{n\to\infty}\left\{\left(\frac{1}{1}-\frac{1}{3}\right)+\left(\frac{1}{2}-\frac{1}{4}\right)+\left(\frac{1}{3}-\frac{1}{5}\right)+\cdots\right.$$

$$\left.+\left(\frac{1}{n-1}-\frac{1}{n+1}\right)+\left(\frac{1}{n}-\frac{1}{n+2}\right)\right\}$$

$$=\lim_{n\to\infty}\left(1+\frac{1}{2}-\frac{1}{n+1}-\frac{1}{n+2}\right)$$

$$=\frac{3}{2}$$

예상문제 도전하기 본문 024~025쪽

22 ④	23 12	24 ⑤	25 10
26 ⑤	27 ③	28 ①	29 ②
30 ③			

22 $\displaystyle\sum_{n=1}^{\infty} 5\left(\frac{3}{4}\right)^{n-1} = \frac{5}{1-\frac{3}{4}} = \frac{5}{\frac{1}{4}} = 20$

23 $\displaystyle\sum_{n=1}^{\infty} a_n = \frac{a}{1-\frac{1}{4}} = \frac{a}{\frac{3}{4}} = \frac{4a}{3} = 16$

$\therefore a = 16 \times \frac{3}{4} = 12$

24 등비수열 $\{a_n\}$의 첫째항을 a, 공비를 r라 하면

$a_2 = ar = 12$ $\quad\cdots\cdots\ㄱ$

$a_3 = ar^2 = 8$ $\quad\cdots\cdots\ㄴ$

$ㄴ\div ㄱ$을 하면 $r = \frac{8}{12} = \frac{2}{3}$

이것을 $ㄱ$에 대입하면

$\frac{2}{3}a = 12$

$\therefore a = 12 \times \frac{3}{2} = 18$

$\therefore \displaystyle\sum_{n=1}^{\infty} a_n = \frac{18}{1-\frac{2}{3}} = \frac{18}{\frac{1}{3}} = 54$

25 등비수열 $\{a_n\}$의 공비를 r라 하면

$a_2 = 12$, $a_3 = 2x$에서 $\dfrac{a_3}{a_2} = \dfrac{a_1 r^2}{a_1 r} = r = \dfrac{2x}{12} = \dfrac{x}{6}$

이므로 $-1 < \frac{x}{6} < 1$

$\therefore -6 < x < 6$

따라서 구하는 정수 x의 개수는 0을 제외한 10이다.

26 급수 $\displaystyle\sum_{n=1}^{\infty}\left(a_n - \frac{3n-1}{2n+1}\right)$이 수렴하므로

$\displaystyle\lim_{n\to\infty}\left(a_n - \frac{3n-1}{2n+1}\right) = 0$

$a_n - \frac{3n-1}{2n+1} = b_n$이라 하면

$a_n = b_n + \frac{3n-1}{2n+1}$

$\therefore \displaystyle\lim_{n\to\infty} a_n = \lim_{n\to\infty}\left(b_n + \frac{3n-1}{2n+1}\right)$

$= \displaystyle\lim_{n\to\infty}\left(b_n + \frac{3-\frac{1}{n}}{2+\frac{1}{n}}\right)$

$= 0 + \frac{3}{2} = \frac{3}{2}$

27 수열 $\{a_n\}$은 첫째항이 1인 등차수열이므로

공차를 d라 하면

$a_n = 1 + (n-1)d$

급수 $\displaystyle\sum_{n=1}^{\infty}\left(\frac{a_n}{n+1} - \frac{5n+1}{n+2}\right)$이 수렴하므로

$\displaystyle\lim_{n\to\infty}\left(\frac{a_n}{n+1} - \frac{5n+1}{n+2}\right)$

$= \displaystyle\lim_{n\to\infty}\left\{\frac{1+(n-1)d}{n+1} - \frac{5n+1}{n+2}\right\}$

$= \displaystyle\lim_{n\to\infty}\left(\frac{d + \frac{1-d}{n}}{1+\frac{1}{n}} - \frac{5+\frac{1}{n}}{1+\frac{2}{n}}\right)$

$= d - 5 = 0$

따라서 $d = 5$이므로 $a_n = 5n - 4$

$\therefore \displaystyle\sum_{n=1}^{\infty}\left(\frac{a_n}{n+1} - \frac{5n+1}{n+2}\right)$

$= \displaystyle\sum_{n=1}^{\infty}\left(\frac{5n-4}{n+1} - \frac{5n+1}{n+2}\right)$

$= \displaystyle\sum_{n=1}^{\infty}\left\{\left(5 - \frac{9}{n+1}\right) - \left(5 - \frac{9}{n+2}\right)\right\}$

$= \displaystyle\sum_{n=1}^{\infty}\left(\frac{9}{n+2} - \frac{9}{n+1}\right)$

$= 9\displaystyle\lim_{n\to\infty}\sum_{k=1}^{n}\left(\frac{1}{k+2} - \frac{1}{k+1}\right)$

$= 9\displaystyle\lim_{n\to\infty}\left\{\left(\frac{1}{3} - \frac{1}{2}\right) + \left(\frac{1}{4} - \frac{1}{3}\right) + \left(\frac{1}{5} - \frac{1}{4}\right) + \cdots\right.$

$\left. + \left(\frac{1}{n+1} - \frac{1}{n}\right) + \left(\frac{1}{n+2} - \frac{1}{n+1}\right)\right\}$

$= 9\displaystyle\lim_{n\to\infty}\left(-\frac{1}{2} + \frac{1}{n+2}\right) = -\frac{9}{2}$

28 급수 $\displaystyle\sum_{n=1}^{\infty} a_n$이 수렴하므로 $\displaystyle\lim_{n\to\infty} a_n = 0$

$\therefore \displaystyle\lim_{n\to\infty}\frac{2a_n - 3}{a_n + 1} = \frac{2\times 0 - 3}{0+1} = -3$

29 $\displaystyle\sum_{n=1}^{\infty}(a_n - 3) = 5$이므로 $\displaystyle\lim_{n\to\infty}(a_n - 3) = 0$

$\therefore \displaystyle\lim_{n\to\infty} a_n = 3 = r$

$\therefore \displaystyle\sum_{n=1}^{\infty}\frac{1}{r^n} = \sum_{n=1}^{\infty}\frac{1}{3^n} = \sum_{n=1}^{\infty}\left(\frac{1}{3}\right)^n$

$= \dfrac{\frac{1}{3}}{1-\frac{1}{3}} = \dfrac{1}{2}$

30 $\displaystyle\sum_{n=1}^{\infty}\frac{10}{n(n+1)} = 10\sum_{n=1}^{\infty}\left(\frac{1}{n} - \frac{1}{n+1}\right)$

$= 10\left\{\left(1 - \frac{1}{2}\right) + \left(\frac{1}{2} - \frac{1}{3}\right) + \left(\frac{1}{3} - \frac{1}{4}\right) + \cdots\right\}$

$= 10\displaystyle\lim_{n\to\infty}\left(1 - \frac{1}{n+1}\right)$

$= 10$

04 지수함수와 로그함수의 극한

기본문제 다지기

01 (1) 0 (2) 0 (3) 3 (4) 3 (5) 2	02 ④		03 ③
04 ①	05 ⑤	06 ③	07 ④
08 ③	09 ①	10 ④	11 ⑤

01 (1) $\lim\limits_{x \to \infty} \left(\dfrac{1}{3}\right)^x = 0$

(2) $\lim\limits_{x \to \infty} \dfrac{3^x}{5^x} = \lim\limits_{x \to \infty} \left(\dfrac{3}{5}\right)^x = 0$

(3) $\lim\limits_{x \to 1} \dfrac{3^x}{3^x - 2^x} = \dfrac{3}{3-2} = 3$

(4) $\lim\limits_{x \to 3} \log_2(x+5) = \log_2 8 = \log_2 2^3 = 3$

(5) $\lim\limits_{x \to 2} \log_3 \dfrac{x^2 + 5x - 14}{x - 2} = \lim\limits_{x \to 2} \log_3 \dfrac{(x-2)(x+7)}{x-2}$
$= \lim\limits_{x \to 2} \log_3 (x+7)$
$= \log_3 9 = \log_3 3^2 = 2$

02 $\lim\limits_{x \to 0} (1+x)^{\frac{2}{x}} = \lim\limits_{x \to 0} \left\{(1+x)^{\frac{1}{x}}\right\}^2 = e^2$
따라서 $a=2$, $b=2$이므로 $a+b=4$

03 $\lim\limits_{x \to \infty} \left(1 + \dfrac{1}{x}\right)^{3x} = \lim\limits_{x \to \infty} \left\{\left(1 + \dfrac{1}{x}\right)^x\right\}^3 = e^3$
따라서 $a=3$, $b=3$이므로 $a+b=6$

04 $\lim\limits_{x \to \infty} \left(1 + \dfrac{1}{x}\right)^{-2x} = \lim\limits_{x \to \infty} \left\{\left(1 + \dfrac{1}{x}\right)^x\right\}^{-2}$
$= e^{-2} = \dfrac{1}{e^2}$

05 $\lim\limits_{x \to 0} (1+2x)^{\frac{3}{x}} = \lim\limits_{x \to 0} \{(1+2x)^{\frac{1}{2x}}\}^6 = e^6$

06 $\lim\limits_{x \to \infty} \left(1 + \dfrac{2}{x}\right)^{\frac{x}{3}} = \lim\limits_{x \to \infty} \left\{\left(1 + \dfrac{2}{x}\right)^{\frac{x}{2}}\right\}^{\frac{2}{3}} = e^{\frac{2}{3}}$

07 $\lim\limits_{x \to 0} \dfrac{\ln(1+x)}{2x} = \dfrac{1}{2} \lim\limits_{x \to 0} \dfrac{\ln(1+x)}{x}$
$= \dfrac{1}{2} \lim\limits_{x \to 0} \ln(1+x)^{\frac{1}{x}}$
$= \dfrac{1}{2} \ln e = \dfrac{1}{2}$

08 $\lim\limits_{x \to \infty} x \ln\left(1 + \dfrac{1}{x}\right)^2 = 2 \lim\limits_{x \to \infty} \ln\left(1 + \dfrac{1}{x}\right)^x$
$= 2 \ln e = 2$

09 $\lim\limits_{x \to 0} \dfrac{e^x - 1}{3x} = \lim\limits_{x \to 0} \dfrac{e^x - 1}{x} \times \dfrac{1}{3}$
$= 1 \times \dfrac{1}{3} \left(\because \lim\limits_{x \to 0} \dfrac{e^x - 1}{x} = 1\right)$
$= \dfrac{1}{3}$

10 $\lim\limits_{x \to 0} \dfrac{e^{2x} - 1}{x} = \lim\limits_{x \to 0} \dfrac{e^{2x} - 1}{2x} \times 2$
$= 1 \times 2 = 2$

11 $\lim\limits_{x \to 0} \dfrac{3^x - 1}{x} = \ln 3$

[참고] 지수함수의 극한

$\lim\limits_{x \to 0} \dfrac{a^x - 1}{x}$에서 $a^x - 1 = t$로 놓으면

$x = \log_a(1+t)$이고, $x \to 0$일 때 $t \to 0$이므로

$\lim\limits_{x \to 0} \dfrac{a^x - 1}{x} = \lim\limits_{t \to 0} \dfrac{t}{\log_a(1+t)}$

$= \lim\limits_{t \to 0} \dfrac{1}{\dfrac{\log_a(1+t)}{t}} = \lim\limits_{t \to 0} \dfrac{1}{\log_a(1+t)^{\frac{1}{t}}}$

$= \dfrac{1}{\log_a e} = \log_e a = \ln a$

기출문제 맛보기

12 ③	13 ③	14 ④	15 ③
16 ④	17 ③	18 ②	19 12
20 ①	21 ③	22 ②	23 ④
24 ①	25 ①	26 ④	27 ②

12 $\lim\limits_{x \to 0} \dfrac{\ln(1+x)}{3x} = \dfrac{1}{3} \lim\limits_{x \to 0} \dfrac{\ln(1+x)}{x}$
$= \dfrac{1}{3} \times 1 \left(\because \lim\limits_{x \to 0} \dfrac{\ln(1+x)}{x} = 1\right)$
$= \dfrac{1}{3}$

13 $\lim\limits_{x \to 0} \dfrac{\ln(1+3x)}{x} = 3 \lim\limits_{x \to 0} \dfrac{\ln(1+3x)}{3x} = 3$

14 $\lim\limits_{x \to 0} \dfrac{\ln(1+12x)}{3x} = \lim\limits_{x \to 0} \left\{\dfrac{\ln(1+12x)}{12x} \times \dfrac{12x}{3x}\right\}$
$= 1 \times 4 = 4$

15 $\lim\limits_{x \to 0} \dfrac{x^2 + 5x}{\ln(1+3x)} = \lim\limits_{x \to 0} \left\{\dfrac{3x}{\ln(1+3x)} \times \dfrac{x^2 + 5x}{x} \times \dfrac{1}{3}\right\}$
$= 1 \times 5 \times \dfrac{1}{3} = \dfrac{5}{3}$

16 $\lim\limits_{x \to 0} \dfrac{\ln(x+1)}{\sqrt{x+4} - 2}$

$= \lim\limits_{x \to 0} \left\{\ln(x+1) \times \dfrac{1}{\sqrt{x+4} - 2}\right\}$

$= \lim\limits_{x \to 0} \left\{\dfrac{\ln(x+1)}{x} \times \dfrac{x}{\sqrt{x+4} - 2}\right\}$

$= \lim\limits_{x \to 0} \left\{\dfrac{\ln(x+1)}{x} \times \dfrac{x(\sqrt{x+4} + 2)}{(\sqrt{x+4} - 2)(\sqrt{x+4} + 2)}\right\}$

$$= \lim_{x \to 0} \left\{ \frac{\ln(x+1)}{x} \times (\sqrt{x+4}+2) \right\}$$
$$= 1 \times (2+2)$$
$$= 4$$

17 $\lim\limits_{x \to 0} \dfrac{\ln(1+3x)}{\ln(1+5x)} = \lim\limits_{x \to 0} \dfrac{3x \times \dfrac{\ln(1+3x)}{3x}}{5x \times \dfrac{\ln(1+5x)}{5x}}$

$$= \frac{3}{5} \times \frac{\lim\limits_{x \to 0} \dfrac{\ln(1+3x)}{3x}}{\lim\limits_{x \to 0} \dfrac{\ln(1+5x)}{5x}}$$

$$= \frac{3}{5} \times \frac{1}{1} = \frac{3}{5}$$

18 $\lim\limits_{x \to 0} \dfrac{e^{5x}-1}{3x} = \lim\limits_{x \to 0} \left(\dfrac{e^{5x}-1}{5x} \times \dfrac{5x}{3x} \right)$

$$= 1 \times \frac{5}{3} = \frac{5}{3}$$

19 $\lim\limits_{x \to 0} \dfrac{e^{2x}+10x-1}{x} = \lim\limits_{x \to 0} \left(\dfrac{e^{2x}-1}{2x} \times 2 + 10 \right)$

$$= 1 \times 2 + 10 = 12$$

20 $\lim\limits_{x \to 0} \dfrac{e^{6x}-e^{4x}}{2x}$

$$= \lim_{x \to 0} \frac{(e^{6x}-1)-(e^{4x}-1)}{2x}$$

$$= \lim_{x \to 0} \frac{e^{6x}-1}{2x} - \lim_{x \to 0} \frac{e^{4x}-1}{2x}$$

$$= 3 \times \lim_{x \to 0} \frac{e^{6x}-1}{6x} - 2 \times \lim_{x \to 0} \frac{e^{4x}-1}{4x}$$

$$= 3 - 2 = 1$$

21 $\lim\limits_{x \to 0} \dfrac{6x}{e^{4x}-e^{2x}} = \lim\limits_{x \to 0} \dfrac{1}{\dfrac{e^{4x}-1}{6x} - \dfrac{e^{2x}-1}{6x}}$

$$= \frac{1}{\dfrac{2}{3} - \dfrac{1}{3}}$$

$$= 3$$

22 $\lim\limits_{x \to 0} \dfrac{e^x-1}{x(x^2+2)} = \lim\limits_{x \to 0} \dfrac{e^x-1}{x} \times \lim\limits_{x \to 0} \dfrac{1}{x^2+2}$

$$= 1 \times \frac{1}{2}$$

$$= \frac{1}{2}$$

23 $\lim\limits_{x \to 0} \dfrac{e^{7x}-1}{e^{2x}-1} = \lim\limits_{x \to 0} \left(\dfrac{e^{7x}-1}{7x} \times \dfrac{2x}{e^{2x}-1} \times \dfrac{7}{2} \right)$

$$= \frac{7}{2} \times \lim_{x \to 0} \frac{e^{7x}-1}{7x} \times \lim_{x \to 0} \frac{2x}{e^{2x}-1}$$

$$= \frac{7}{2} \times 1 \times 1 = \frac{7}{2}$$

24 $\lim\limits_{x \to 0} \dfrac{4^x-2^x}{x} = \lim\limits_{x \to 0} \dfrac{(4^x-1)-(2^x-1)}{x}$

$$= \lim_{x \to 0} \frac{4^x-1}{x} - \lim_{x \to 0} \frac{2^x-1}{x}$$

$$= \ln 4 - \ln 2$$

$$= \ln \frac{4}{2} = \ln 2$$

25 $\lim\limits_{x \to 0} \dfrac{2^{ax+b}-8}{2^{bx}-1} = 16$에서 $x \to 0$일 때 (분모)$\to 0$이고

극한값이 존재하므로 (분자)$\to 0$이어야 한다.

즉, $\lim\limits_{x \to 0} (2^{ax+b}-8) = 2^b - 8 = 0$이므로 $b = 3$

$$\lim_{x \to 0} \frac{2^{ax+3}-8}{2^{3x}-1} = \lim_{x \to 0} \frac{8 \times 2^{ax}-8}{8^x-1}$$

$$= 8 \times \lim_{x \to 0} \frac{(2^a)^x-1}{8^x-1}$$

$$= 8 \times \lim_{x \to 0} \frac{\dfrac{(2^a)^x-1}{x}}{\dfrac{8^x-1}{x}}$$

$$= 8 \times \frac{\ln 2^a}{\ln 8}$$

$$= \frac{8}{3} a \times \frac{\ln 2}{\ln 2}$$

$$= 16$$

$$\therefore a = 6$$

$$\therefore a + b = 6 + 3 = 9$$

26 $\lim\limits_{x \to 0} \dfrac{\ln(1+5x)}{e^{2x}-1}$

$$= \frac{5}{2} \lim_{x \to 0} \frac{\ln(1+5x)}{5x} \times \lim_{x \to 0} \frac{2x}{e^{2x}-1}$$

$$= \frac{5}{2} \times 1 \times 1$$

$$= \frac{5}{2}$$

27 $\lim\limits_{x \to 0} \dfrac{e^{6x}-1}{\ln(1+3x)} = 2 \lim\limits_{x \to 0} \dfrac{e^{6x}-1}{6x} \times \lim\limits_{x \to 0} \dfrac{3x}{\ln(1+3x)}$

$$= 2 \times 1 \times 1$$

$$= 2$$

예상문제 도전하기

본문 031~032쪽

28 ①	29 ④	30 ②	31 ②
32 ④	33 ④	34 ⑤	35 ③
36 ④	37 3		

28 $\lim\limits_{x \to 0} \dfrac{\ln(1-3x)}{x} = \lim\limits_{x \to 0} \dfrac{\ln(1-3x)}{-3x} \times (-3)$

$$= 1 \times (-3) \left(\because \lim_{x \to 0} \frac{\ln(1-3x)}{-3x} = 1 \right)$$

$$= -3$$

29 $\displaystyle\lim_{x\to 0}\frac{x^2-6x}{\ln(1+2x)}=\lim_{x\to 0}\left\{\frac{2x}{\ln(1+2x)}\times\frac{x^2-6x}{x}\times\frac{1}{2}\right\}$
$\displaystyle\qquad\qquad =1\times(-6)\times\frac{1}{2}$
$\displaystyle\qquad\qquad =-3$

30 $\displaystyle\lim_{x\to 0}\frac{e^{4x}-1}{3x}=\lim_{x\to 0}\frac{e^{4x}-1}{4x}\times\frac{4}{3}$
$\displaystyle\qquad\qquad =1\times\frac{4}{3}\left(\because\ \lim_{x\to 0}\frac{e^{4x}-1}{4x}=1\right)$
$\displaystyle\qquad\qquad =\frac{4}{3}$

31 $\displaystyle\lim_{x\to 0}\frac{e^x-1}{x^2+x}=\lim_{x\to 0}\frac{e^x-1}{x(x+1)}$
$\displaystyle\qquad\qquad =\lim_{x\to 0}\frac{e^x-1}{x}\times\frac{1}{x+1}$
$\displaystyle\qquad\qquad =1\times 1=1$

32 $\displaystyle\lim_{x\to 0}\frac{e^x-1}{e^{3x}-1}=\lim_{x\to 0}\frac{e^x-1}{x}\times\frac{3x}{e^{3x}-1}\times\frac{1}{3}$
$\displaystyle\qquad\qquad =1\times 1\times\frac{1}{3}$
$\displaystyle\qquad\qquad =\frac{1}{3}$

[다른 풀이]

$\displaystyle\lim_{x\to 0}\frac{e^x-1}{e^{3x}-1}=\lim_{x\to 0}\frac{e^x-1}{(e^x-1)(e^{2x}+e^x+1)}$
$\displaystyle\qquad\qquad =\lim_{x\to 0}\frac{1}{e^{2x}+e^x+1}$
$\displaystyle\qquad\qquad =\frac{1}{1+1+1}$
$\displaystyle\qquad\qquad =\frac{1}{3}$

33 $\displaystyle\lim_{x\to 0}\frac{e^{5x}+e^x-2}{2x}=\lim_{x\to 0}\frac{e^{5x}-1}{2x}+\lim_{x\to 0}\frac{e^x-1}{2x}$
$\displaystyle\qquad\qquad =\lim_{x\to 0}\frac{e^{5x}-1}{5x}\times\frac{5}{2}+\lim_{x\to 0}\frac{e^x-1}{x}\times\frac{1}{2}$
$\displaystyle\qquad\qquad =\frac{5}{2}+\frac{1}{2}=3$

34 $\displaystyle\lim_{x\to 0}\frac{e^{6x}-e^{3x}+2x}{x}$
$\displaystyle\quad =\lim_{x\to 0}\frac{e^{6x}-1-e^{3x}+1+2x}{x}$
$\displaystyle\quad =\lim_{x\to 0}\frac{e^{6x}-1}{6x}\times 6-\lim_{x\to 0}\frac{e^{3x}-1}{3x}\times 3+\lim_{x\to 0}\frac{2x}{x}$
$\displaystyle\quad =6-3+2=5$

35 $\displaystyle\lim_{x\to 0}\frac{8^x-2^x}{x}=\lim_{x\to 0}\frac{(8^x-1)-(2^x-1)}{x}$
$\displaystyle\qquad\qquad =\lim_{x\to 0}\frac{8^x-1}{x}-\lim_{x\to 0}\frac{2^x-1}{x}$
$\displaystyle\qquad\qquad =\ln 8-\ln 2=\ln 4$

36 $\displaystyle\lim_{x\to 0}\frac{\ln(1+4x)}{e^{2x}-1}=\lim_{x\to 0}\frac{2x}{e^{2x}-1}\times\frac{1}{2}\times\frac{\ln(1+4x)}{4x}\times 4$
$\displaystyle\qquad\qquad =1\times\frac{1}{2}\times 1\times 4=2$

37 함수 $f(x)$가 $x=1$에서 연속이므로 $f(1)=\displaystyle\lim_{x\to 1}f(x)$가 성립하여야 한다.

$b=\displaystyle\lim_{x\to 1}\frac{\ln(2x-a)}{x-1}$ $\qquad\cdots\cdots\ \text{㉠}$

에서 $x\to 1$일 때 (분모) $\to 0$이고, 극한값이 존재하므로 (분자) $\to 0$이어야 한다.

즉, $\displaystyle\lim_{x\to 1}\ln(2x-a)=0$이므로 $\ln(2-a)=0$

$2-a=1$ $\qquad\therefore a=1$

$a=1$을 ㉠에 대입하면

$b=\displaystyle\lim_{x\to 1}\frac{\ln(2x-1)}{x-1}$

$x-1=t$로 놓으면 $x\to 1$일 때 $t\to 0$이므로

$b=\displaystyle\lim_{t\to 0}\frac{\ln(2t+1)}{t}=\lim_{t\to 0}\frac{\ln(2t+1)}{2t}\times 2=1\times 2=2$

$\therefore a+b=3$

05 삼각함수의 덧셈정리와 극한

기본문제 다지기

본문 035~036쪽

01 ②	02 ③	03 ④	04 ②
05 3	06 2	07 ⑤	08 ③
09 ④	10 ④	11 ③	12 ⑤

01 $\cos^2\theta=1-\sin^2\theta=1-\dfrac{1}{9}=\dfrac{8}{9}$

$\cot^2\theta=\csc^2\theta-1=\dfrac{1}{\sin^2\theta}-1=9-1=8$

$\therefore \cos^2\theta+\cot^2\theta=\dfrac{8}{9}+8=\dfrac{80}{9}$

02 $\sin\theta-\cos\theta=\dfrac{1}{2}$의 양변을 제곱하면

$\sin^2\theta-2\sin\theta\cos\theta+\cos^2\theta=\dfrac{1}{4}$

$1-2\sin\theta\cos\theta=\dfrac{1}{4}$ $\qquad\therefore\sin\theta\cos\theta=\dfrac{3}{8}$

$\therefore\sec\theta\csc\theta=\dfrac{1}{\sin\theta\cos\theta}=\dfrac{8}{3}$

03 $\sin(\alpha+\beta)=\sin\alpha\cos\beta+\cos\alpha\sin\beta$이므로

$\cos\alpha\sin\beta=\sin(\alpha+\beta)-\sin\alpha\cos\beta$

$\qquad=\dfrac{7}{9}-\dfrac{5}{9}=\dfrac{2}{9}$

04 $\sin\alpha=\dfrac{1}{3}$이므로

$\cos\alpha=\sqrt{1-\sin^2\alpha}$

$\qquad=\sqrt{1-\left(\dfrac{1}{3}\right)^2}$

$\qquad=\dfrac{2\sqrt{2}}{3}\left(\because 0<\alpha<\dfrac{\pi}{2}\right)$

$\therefore \sin\left(\dfrac{\pi}{6}-\alpha\right)=\sin\dfrac{\pi}{6}\cos\alpha-\cos\dfrac{\pi}{6}\sin\alpha$

$\qquad=\dfrac{1}{2}\times\dfrac{2\sqrt{2}}{3}-\dfrac{\sqrt{3}}{2}\times\dfrac{1}{3}$

$\qquad=\dfrac{2\sqrt{2}-\sqrt{3}}{6}$

05 $\lim\limits_{x\to 0}\dfrac{\sin 3x}{x}=\lim\limits_{x\to 0}\dfrac{\sin 3x}{3x}\times 3=1\times 3=3$

06 $\lim\limits_{x\to 0}\dfrac{2x}{\sin x}=\lim\limits_{x\to 0}\dfrac{x}{\sin x}\times 2=1\times 2=2$

07 $\lim\limits_{x\to 0}\dfrac{\tan 3x}{2x}=\lim\limits_{x\to 0}\dfrac{\tan 3x}{3x}\times\dfrac{3}{2}=1\times\dfrac{3}{2}=\dfrac{3}{2}$

08 $\lim\limits_{x\to 0}\dfrac{\sin x}{x+\tan x}=\lim\limits_{x\to 0}\dfrac{\dfrac{\sin x}{x}}{1+\dfrac{\tan x}{x}}$

$\qquad=\dfrac{1}{1+1}=\dfrac{1}{2}$

09 $\lim\limits_{x\to 0}\dfrac{3x+\tan x}{x}=\lim\limits_{x\to 0}\left(3+\dfrac{\tan x}{x}\right)=3+1=4$

10 $\lim\limits_{x\to 0}\dfrac{\ln(1+2x)}{\sin x}=\lim\limits_{x\to 0}\dfrac{\ln(1+2x)}{2x}\times\dfrac{x}{\sin x}\times 2$

$\qquad=1\times 1\times 2=2$

11 $\lim\limits_{x\to 0}\dfrac{e^x-1}{\sin 2x}=\lim\limits_{x\to 0}\dfrac{e^x-1}{x}\times\dfrac{2x}{\sin 2x}\times\dfrac{1}{2}$

$\qquad=1\times 1\times\dfrac{1}{2}=\dfrac{1}{2}$

12 $\lim\limits_{x\to 0}\dfrac{x^2}{1-\cos x}=\lim\limits_{x\to 0}\dfrac{x^2(1+\cos x)}{(1-\cos x)(1+\cos x)}$

$\qquad=\lim\limits_{x\to 0}\dfrac{x^2(1+\cos x)}{1-\cos^2 x}$

$\qquad=\lim\limits_{x\to 0}\dfrac{x^2}{\sin^2 x}\times(1+\cos x)$

$\qquad=\lim\limits_{x\to 0}\left(\dfrac{x}{\sin x}\right)^2\times(1+\cos x)$

$\qquad=1^2\times(1+1)=2$

기출문제 맛보기

본문 036~037쪽

13 7	**14** 26	**15** 49	**16** ③
17 ②	**18** ④	**19** ⑤	**20** 2
21 ③	**22** ③		

13 $\cos\theta=\dfrac{1}{7}$이므로

$\csc\theta\times\tan\theta=\dfrac{1}{\sin\theta}\times\dfrac{\sin\theta}{\cos\theta}$

$\qquad=\dfrac{1}{\cos\theta}$

$\qquad=7$

14 $1+\tan^2\theta=\sec^2\theta$이므로

$\sec^2\theta=1+5^2=26$

15 $\sec^2\theta=\dfrac{1}{\cos^2\theta}$

$\qquad=\dfrac{1}{\left(\dfrac{1}{7}\right)^2}$

$\qquad=49$

16 $\cos\theta=-\dfrac{3}{5}$이므로

$\sin^2\theta=1-\cos^2\theta=1-\dfrac{9}{25}=\dfrac{16}{25}$

$\dfrac{\pi}{2}<\theta<\pi$에서 $\sin\theta>0$이므로

$\sin\theta=\dfrac{4}{5}$

$\therefore \csc(\pi+\theta)=\dfrac{1}{\sin(\pi+\theta)}$

$\qquad=\dfrac{1}{-\sin\theta}$

$\qquad=\dfrac{1}{-\dfrac{4}{5}}=-\dfrac{5}{4}$

17 $2\cos\alpha=3\sin\alpha$에서

$\dfrac{\sin\alpha}{\cos\alpha}=\dfrac{2}{3}$이므로

$\tan\alpha=\dfrac{2}{3}$

$\tan(\alpha+\beta)=\dfrac{\tan\alpha+\tan\beta}{1-\tan\alpha\tan\beta}$

$\qquad=\dfrac{\dfrac{2}{3}+\tan\beta}{1-\dfrac{2}{3}\tan\beta}$

$\qquad=\dfrac{2+3\tan\beta}{3-2\tan\beta}$

이고, $\tan(\alpha+\beta)=1$이므로

$\dfrac{2+3\tan\beta}{3-2\tan\beta}=1$

따라서

$\tan \beta = \dfrac{1}{5}$

18 $\angle C = \gamma$라 하면

$\tan \gamma = \tan(\pi - (\alpha + \beta))$

$\qquad = -\tan(\alpha + \beta)$

$\qquad = \dfrac{3}{2}$

한편, 삼각형 ABC는 $\overline{AB} = \overline{AC}$이므로 $\beta = \gamma$이다.

$\therefore \tan \beta = \tan \gamma = \dfrac{3}{2}$

$\therefore \tan \alpha = \tan(\pi - (\beta + \gamma))$

$\qquad = -\tan(\beta + \gamma)$

$\qquad = -\dfrac{\tan \beta + \tan \gamma}{1 - \tan \beta \tan \gamma}$

$\qquad = -\dfrac{\dfrac{3}{2} + \dfrac{3}{2}}{1 - \left(\dfrac{3}{2}\right)^2}$

$\qquad = \dfrac{12}{5}$

19 $\displaystyle\lim_{x \to 0} \dfrac{\sin 7x}{4x} = \lim_{x \to 0} \left(\dfrac{\sin 7x}{7x} \times \dfrac{7x}{4x} \right)$

$\qquad\qquad\qquad = 1 \times \dfrac{7}{4} = \dfrac{7}{4}$

20 $\displaystyle\lim_{x \to 0} \dfrac{\sin 2x}{x \cos x} = \lim_{x \to 0} \left(\dfrac{\sin 2x}{2x} \times \dfrac{2}{\cos x} \right)$

$\qquad\qquad\qquad = 1 \times \dfrac{2}{1} = 2$

21 $\displaystyle\lim_{x \to 0} \dfrac{\ln(1+5x)}{\sin 3x} = \lim_{x \to 0} \dfrac{\ln(1+5x)}{5x} \times \dfrac{3x}{\sin 3x} \times \dfrac{5}{3}$

$\qquad\qquad\qquad\qquad = 1 \times 1 \times \dfrac{5}{3} = \dfrac{5}{3}$

22 점 P에서의 접선의 기울기는 $\cos t$이므로 두 직선이 이루는 예각의 크기를 θ라고 하면

$\tan \theta = \left| \dfrac{\cos t + 1}{1 - \cos t} \right|$

이고 $0 < t < \pi$이므로

$\tan \theta = \dfrac{\cos t + 1}{1 - \cos t}$

따라서 $\pi - t = \alpha$라 하면

$\displaystyle\lim_{t \to \pi-} \dfrac{\tan \theta}{(\pi - t)^2}$

$= \displaystyle\lim_{t \to \pi-} \dfrac{\cos t + 1}{(\pi - t)^2 (1 - \cos t)}$

$= \displaystyle\lim_{\alpha \to 0+} \dfrac{1 - \cos \alpha}{\alpha^2 (1 + \cos \alpha)} \ (\because \cos t = \cos(\pi - \alpha) = -\cos \alpha)$

$= \displaystyle\lim_{\alpha \to 0+} \dfrac{1 - \cos^2 \alpha}{\alpha^2 (1 + \cos \alpha)^2}$

$= \displaystyle\lim_{\alpha \to 0+} \left\{ \dfrac{\sin^2 \alpha}{\alpha^2} \times \dfrac{1}{(1 + \cos \alpha)^2} \right\}$

$= \dfrac{1}{4}$

[참고]

두 직선 $y = mx + n$, $y = m'x + n'$에 대하여 두 직선이 x축의 양의 방향과 이루는 각의 크기를 각각 α, β라 하면

$m = \tan \alpha$, $m' = \tan \beta$

이다. 이때 두 직선이 이루는 예각의 크기를 θ라 하면

$\tan \theta = |\tan(\alpha - \beta)|$

$\qquad = \left| \dfrac{\tan \alpha - \tan \beta}{1 + \tan \alpha \tan \beta} \right| = \left| \dfrac{m - m'}{1 + mm'} \right|$

이다.

예상문제 도전하기

본문 038~039쪽

23 15	24 ⑤	25 ①	26 ④
27 ③	28 ③	29 ③	30 ④
31 ②	32 8	33 ③	34 ⑤
35 ③			

23 $\sec \theta \times \cot \theta = \dfrac{1}{\cos \theta} \times \dfrac{\cos \theta}{\sin \theta}$

$\qquad\qquad\qquad = \dfrac{1}{\sin \theta} = \csc \theta = 4$

$\therefore \cot^2 \theta = \csc^2 \theta - 1 = 4^2 - 1 = 15$

24 $\sin \theta + \cos \theta = \dfrac{4}{3}$의 양변을 제곱하면

$\sin^2 \theta + 2 \sin \theta \cos \theta + \cos^2 \theta = \dfrac{16}{9}$

$1 + 2 \sin \theta \cos \theta = \dfrac{16}{9}$

$\therefore \sin \theta \cos \theta = \dfrac{7}{18}$

$\therefore \sec \theta + \csc \theta = \dfrac{1}{\cos \theta} + \dfrac{1}{\sin \theta}$

$\qquad\qquad\qquad = \dfrac{\sin \theta + \cos \theta}{\sin \theta \cos \theta}$

$\qquad\qquad\qquad = \dfrac{\dfrac{4}{3}}{\dfrac{7}{18}} = \dfrac{24}{7}$

25 θ가 삼각형의 한 내각이고 $\tan \theta < 0$이므로 그림과 같이 θ는 제2사분면의 각이다.

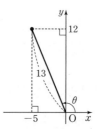

$\tan \theta = -\dfrac{12}{5}$이므로 $\sin \theta = \dfrac{12}{13}$, $\cos \theta = -\dfrac{5}{13}$

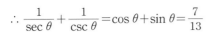

$$\therefore \frac{1}{\sec\theta}+\frac{1}{\csc\theta}=\cos\theta+\sin\theta=\frac{7}{13}$$

26
$$\cos\alpha=\sqrt{1-\sin^2\alpha}$$
$$=\sqrt{1-\left(\frac{1}{2}\right)^2}=\frac{\sqrt{3}}{2}\left(\because 0<\alpha<\frac{\pi}{2}\right)$$
$$\sin\beta=\sqrt{1-\cos^2\beta}$$
$$=\sqrt{1-\left(\frac{4}{5}\right)^2}=\frac{3}{5}\left(\because 0<\beta<\frac{\pi}{2}\right)$$
$$\therefore \sin(\alpha+\beta)=\sin\alpha\cos\beta+\cos\alpha\sin\beta$$
$$=\frac{1}{2}\times\frac{4}{5}+\frac{\sqrt{3}}{2}\times\frac{3}{5}$$
$$=\frac{4+3\sqrt{3}}{10}$$

27
$$\tan\left(\alpha+\frac{\pi}{6}\right)=\frac{\tan\alpha+\tan\frac{\pi}{6}}{1-\tan\alpha\times\tan\frac{\pi}{6}}$$
$$=\frac{\tan\alpha+\frac{1}{\sqrt{3}}}{1-\frac{1}{\sqrt{3}}\tan\alpha}=\sqrt{3}$$
에서
$$\tan\alpha+\frac{1}{\sqrt{3}}=\sqrt{3}\left(1-\frac{1}{\sqrt{3}}\tan\alpha\right)$$
$$=\sqrt{3}-\tan\alpha$$
$$\therefore 2\tan\alpha=\sqrt{3}-\frac{1}{\sqrt{3}}=\frac{2}{\sqrt{3}}$$
$$\therefore \tan\alpha=\frac{1}{\sqrt{3}}=\frac{\sqrt{3}}{3}$$

28
$$\sin\alpha=\sqrt{1-\cos^2\alpha}$$
$$=\sqrt{1-\left(-\frac{1}{3}\right)^2}=\frac{2\sqrt{2}}{3}\left(\because \frac{\pi}{2}\leq\alpha\leq\pi\right)$$
$$\cos\beta=\sqrt{1-\sin^2\beta}$$
$$=\sqrt{1-\left(\frac{\sqrt{2}}{4}\right)^2}=\frac{\sqrt{14}}{4}\left(\because 0\leq\beta\leq\frac{\pi}{2}\right)$$
$$\therefore \cos(\alpha-\beta)=\cos\alpha\cos\beta+\sin\alpha\sin\beta$$
$$=\left(-\frac{1}{3}\right)\times\frac{\sqrt{14}}{4}+\frac{2\sqrt{2}}{3}\times\frac{\sqrt{2}}{4}$$
$$=\frac{4-\sqrt{14}}{12}$$

29
$$\lim_{x\to 0}\frac{\tan x}{x+\sin x\cos x}=\lim_{x\to 0}\frac{\frac{\tan x}{x}}{1+\frac{\sin x}{x}\times\cos x}$$
$$=\frac{1}{1+1\times 1}=\frac{1}{2}$$

30
$$\lim_{x\to 0}\frac{\ln(1+3x)}{\tan 2x}=\lim_{x\to 0}\frac{\frac{\ln(1+3x)}{3x}\times 3x}{\frac{\tan 2x}{2x}\times 2x}$$
$$=\frac{3}{2}\lim_{x\to 0}\frac{\frac{\ln(1+3x)}{3x}}{\frac{\tan 2x}{2x}}$$

$$=\frac{3}{2}\times\frac{1}{1}=\frac{3}{2}$$

31
$$\lim_{x\to 0}\frac{\sin x}{e^{2x}-1}=\lim_{x\to 0}\frac{\frac{\sin x}{x}}{\frac{e^{2x}-1}{2x}}\times\frac{1}{2}=\frac{1}{1}\times\frac{1}{2}=\frac{1}{2}$$

32
$$\lim_{x\to 0}\frac{1-\cos 4x}{x^2}=\lim_{x\to 0}\frac{(1-\cos 4x)(1+\cos 4x)}{x^2(1+\cos 4x)}$$
$$=\lim_{x\to 0}\frac{1-\cos^2 4x}{x^2(1+\cos 4x)}$$
$$=\lim_{x\to 0}\frac{\sin^2 4x}{x^2}\times\frac{1}{1+\cos 4x}$$
$$=\lim_{x\to 0}\left(\frac{\sin 4x}{4x}\right)^2\times\frac{16}{1+\cos 4x}$$
$$=1^2\times\frac{16}{1+1}=8$$

33
$$\lim_{x\to 0}\frac{1-\cos x}{x\sin x}=\lim_{x\to 0}\frac{(1-\cos x)(1+\cos x)}{x\sin x(1+\cos x)}$$
$$=\lim_{x\to 0}\frac{1-\cos^2 x}{x\sin x(1+\cos x)}$$
$$=\lim_{x\to 0}\frac{\sin^2 x}{x\sin x(1+\cos x)}$$
$$=\lim_{x\to 0}\frac{\sin x}{x(1+\cos x)}$$
$$=\lim_{x\to 0}\frac{\sin x}{x}\times\frac{1}{1+\cos x}$$
$$=1\times\frac{1}{1+1}=\frac{1}{2}$$

34
$$\lim_{x\to 0}\frac{\ln(1+x^2)}{1-\cos x}$$
$$=\lim_{x\to 0}\frac{\ln(1+x^2)}{x^2}\times\frac{x^2(1+\cos x)}{(1-\cos x)(1+\cos x)}$$
$$=\lim_{x\to 0}\frac{\ln(1+x^2)}{x^2}\times\frac{x^2}{1-\cos^2 x}\times(1+\cos x)$$
$$=\lim_{x\to 0}\frac{\ln(1+x^2)}{x^2}\times\frac{x^2}{\sin^2 x}\times(1+\cos x)$$
$$=\lim_{x\to 0}\frac{\ln(1+x^2)}{x^2}\times\left(\frac{x}{\sin x}\right)^2\times(1+\cos x)$$
$$=1\times 1^2\times(1+1)=2$$

35
$$\lim_{x\to 0}\frac{1-\cos kx}{x^2}=\lim_{x\to 0}\frac{(1-\cos kx)(1+\cos kx)}{x^2(1+\cos kx)}$$
$$=\lim_{x\to 0}\frac{1-\cos^2 kx}{x^2(1+\cos kx)}$$
$$=\lim_{x\to 0}\frac{\sin^2 kx}{x^2}\times\frac{1}{1+\cos kx}$$
$$=k^2\lim_{x\to 0}\left(\frac{\sin kx}{kx}\right)^2\times\frac{1}{1+\cos kx}$$
$$=k^2\times 1^2\times\frac{1}{2}=8$$
$$\therefore k^2=16$$
$$\therefore k=4\ (\because k>0)$$

06 여러 가지 함수의 미분

본문 041쪽

기본문제 다지기

01 ④	02 9	03 ①	04 ⑤
05 ①	06 ②		

01 $f(x)=e^x+x^2-3x$에서
$f'(x)=e^x+2x-3$
$\therefore f'(0)=1+0-3=-2$

02 $f(x)=\ln x-x$에서
$f'(x)=\dfrac{1}{x}-1$
$\therefore f'\left(\dfrac{1}{10}\right)=10-1=9$

03 $f(x)=x\ln x$에서
$f'(x)=\ln x+x\times\dfrac{1}{x}=\ln x+1$
$\therefore f'(e)=\ln e+1=2$

04 $f(x)=e^x\ln x$에서
$f'(x)=e^x\ln x+e^x\times\dfrac{1}{x}$
$\qquad =e^x\left(\ln x+\dfrac{1}{x}\right)$
$\therefore g(x)=xf'(x)=e^x(x\ln x+1)$
$\therefore g(e)=e^e(e\ln e+1)=e^{e+1}+e^e$

05 $f(x)=x^2\cos x$에서
$f'(x)=2x\cos x-x^2\sin x$
$\therefore f'(\pi)=2\pi\cos\pi-\pi^2\sin\pi=-2\pi$

06 $f(x)=x\sin x$에서
$f'(x)=1\times\sin x+x\times\cos x=\sin x+x\cos x$
$\therefore f'\left(\dfrac{\pi}{2}\right)=\sin\dfrac{\pi}{2}+\dfrac{\pi}{2}\cos\dfrac{\pi}{2}=1+0=1$

08 $f'(x)=e^x(2x+1)+e^x\times2=e^x(2x+3)$
이므로
$f'(1)=e\times5=5e$

09 $f(x)=(x^2+1)e^x$에서
$f'(x)=2xe^x+(x^2+1)e^x=x^2e^x+2xe^x+e^x$
$\therefore f'(0)=e^0=1$

10 $f(x)=x\ln x+13x$에서
$f'(x)=\ln x+x\times\dfrac{1}{x}+13=\ln x+14$
$\therefore f'(1)=0+14=14$

11 $f(x)=x\ln(2x-1)$에서
$f'(x)=\ln(2x-1)+x\times\dfrac{2}{2x-1}$
$\therefore f'(1)=0+1\times2=2$

12 $f(x)=x^3\ln x$이므로
$f'(x)=3x^2\ln x+x^3\times\dfrac{1}{x}$
$\qquad =3x^2\ln x+x^2$
따라서
$f'(e)=3e^2\ln e+e^2=4e^2$
이므로
$\dfrac{f'(e)}{e^2}=4$

13 $\displaystyle\lim_{h\to0}\dfrac{f(3+h)-f(3-h)}{h}$
$=\displaystyle\lim_{h\to0}\dfrac{f(3+h)-f(3)}{h}+\lim_{h\to0}\dfrac{f(3-h)-f(3)}{-h}$
$=f'(3)+f'(3)=2f'(3)$
이고, $f(x)=\log_3 x$에서 $f'(x)=\dfrac{1}{x\ln3}$이므로
$2f'(3)=2\times\dfrac{1}{3\ln3}=\dfrac{2}{3\ln3}$

14 $f(x)=\sin x-4x$에서
$f'(x)=\cos x-4$
$\therefore f'(0)=1-4=-3$

기출문제 맛보기

본문 042쪽

07 ①	08 ④	09 ①	10 14
11 2	12 4	13 ②	14 ③

07 $f(x)=7+3\ln x$에서
$f'(x)=\dfrac{3}{x}$
$\therefore f'(3)=1$

예상문제 도전하기

본문 043쪽

15 301	16 ①	17 ④	18 ⑤
19 ①	20 8		

15 $f(x)=x^3+10\ln x$에서
$f'(x)=3x^2+10\times\dfrac{1}{x}=3x^2+\dfrac{10}{x}$
$\therefore f'(10)=300+1=301$

16 $f(x)=(x^2+2x)e^x$에서
$$f'(x)=(2x+2)e^x+(x^2+2x)e^x=(x^2+4x+2)e^x$$
$$\therefore f'(0)=2\times 1=2$$

17 $f(x)=x^2+x\ln x$에서
$$f'(x)=2x+\ln x+x\times\frac{1}{x}$$
$$=2x+\ln x+1$$
$$\therefore \lim_{h\to 0}\frac{f(1+2h)-f(1-h)}{h}$$
$$=\lim_{h\to 0}\frac{f(1+2h)-f(1)+f(1)-f(1-h)}{h}$$
$$=\lim_{h\to 0}\frac{f(1+2h)-f(1)}{2h}\times 2+\lim_{h\to 0}\frac{f(1-h)-f(1)}{-h}$$
$$=3f'(1)$$
$$=3(2+0+1)$$
$$=9$$

18 $f'(x)=\sin x+(x+\pi)\cos x$이므로
$$f'(0)=\sin 0+(0+\pi)\cos 0=\pi$$

19 $f(x)=(e^x-3x)\cos x$에서
$$f'(x)=(e^x-3)\cos x-(e^x-3x)\sin x$$
$$\therefore f'(0)=(1-3)\times 1-(1-0)\times 0=-2$$

20 $f(x)=2^x$에서 $f'(x)=2^x\ln 2$
$$g(x)=\log_2 x$에서 $g'(x)=\frac{1}{x\ln 2}$$
$$\therefore f'(4)g'(2)=2^4\ln 2\times\frac{1}{2\ln 2}=8$$

 07 몫의 미분법과 합성함수의 미분법

기본문제 다지기 　본문 045~046쪽

01 151	**02** ⑤	**03** ③	**04** 16
05 ②	**06** ⑤	**07** ③	**08** ①
09 ②			

01 $f(x)=e^x+(2x+5)^3$에서
$$f'(x)=e^x+3(2x+5)^2\times(2x+5)'$$
$$=e^x+3(2x+5)^2\times 2$$
$$=e^x+6(2x+5)^2$$
$$\therefore f'(0)=1+6\times 25=151$$

02 $f(x)=e^{3x}$에서
$$f'(x)=e^{3x}\times(3x)'=3e^{3x}$$
$$\therefore f'(1)=3e^3$$

03 $f(x)=e^{x^2-3x}$에서
$$f'(x)=e^{x^2-3x}\times(x^2-3x)'$$
$$=(2x-3)e^{x^2-3x}$$
$$\therefore \lim_{h\to 0}\frac{f(3+h)-f(3)}{h}=f'(3)$$
$$=3e^0$$
$$=3$$

04 $f(x)=(2x+7)e^{2x}$에서
$$f'(x)=2e^{2x}+(2x+7)\times 2e^{2x}=(4x+16)e^{2x}$$
$$\therefore f'(0)=16\times 1=16$$

05 $f(x)=\ln(x^2+2)$에서
$$f'(x)=\frac{1}{x^2+2}(x^2+2)'=\frac{2x}{x^2+2}$$
$$\therefore f'(1)=\frac{2}{1+2}=\frac{2}{3}$$

06 $f(x)=\sin 2x$에서
$$f'(x)=\cos 2x\times(2x)'=2\cos 2x$$
$$\therefore f'(\pi)=2\cos 2\pi=2$$

07 $f(x)=\sin^3 x$에서
$$f'(x)=3\sin^2 x\times(\sin x)'=3\sin^2 x\cos x$$
$$\therefore f'\left(\frac{\pi}{6}\right)=3\times\left(\frac{1}{2}\right)^2\times\frac{\sqrt{3}}{2}=\frac{3\sqrt{3}}{8}$$

08 $f(x)=\frac{1}{2x-3}$이므로
$$f'(x)=-\frac{2}{(2x-3)^2}$$
$$\therefore f'(1)=-\frac{2}{(2-3)^2}=-2$$

09 $f'(x)=\frac{\frac{1}{x}\times 2x-2\ln x}{4x^2}=\frac{2-2\ln x}{4x^2}$
$$\therefore f'(1)=\frac{2-0}{4}=\frac{1}{2}$$

기출문제 맛보기 　본문 046~048쪽

10 ③	**11** ⑤	**12** 15	**13** ③
14 ④	**15** 1	**16** 2	**17** 28
18 ①	**19** 8	**20** 1	**21** 8
22 ⑤	**23** ③	**24** ②	

10 $f(x)=e^{3x-2}$에서
$$f'(x)=e^{3x-2}\times(3x-2)'=3e^{3x-2}$$
이므로
$$f'(1)=3e^{3-2}=3e$$

11 $f(x)=e^{3x}+10x$에서
$$f'(x)=e^{3x}\times3+10=3e^{3x}+10$$
$$\therefore f'(0)=3e^0+10=13$$

12 $f(x)=5e^{3x-3}$에서
$$f'(x)=5e^{3x-3}\times3=15e^{3x-3}$$
$$\therefore f'(1)=15e^0=15$$

13 $f(x)=(2e^x+1)^3$에서
$$f'(x)=3(2e^x+1)^2\times2e^x=6e^x(2e^x+1)^2$$
$$\therefore f'(0)=6e^0(2e^0+1)^2=6\times3^2=54$$

14 $f(x^3+x)=e^x$의 양변을 x에 대하여 미분하면
$$f'(x^3+x)\times(3x^2+1)=e^x \quad \cdots\cdots\ \text{㉠}$$
이다.
$x^3+x=2$에서
$$x^3+x-2=(x-1)(x^2+x+2)=0$$
이므로 $x=1$이다.
따라서 ㉠의 양변에 $x=1$을 대입하면
$$f'(1+1)\times(3+1)=e$$
이므로
$$f'(2)=\frac{e}{4}$$

15 $f(x)=\ln(x^2+1)$에서
$$f'(x)=\frac{(x^2+1)'}{x^2+1}=\frac{2x}{x^2+1}$$
$$\therefore f'(1)=\frac{2}{1+1}=1$$

16 $f(x)=\sqrt{x^3+1}$에서
$$f'(x)=\frac{1}{2}(x^3+1)^{-\frac{1}{2}}\times3x^2$$
이므로
$$f'(2)=\frac{1}{2}\times(3^2)^{-\frac{1}{2}}\times3\times2^2=2$$

17 $f(x)=4\sin7x$에서
$$f'(x)=28\cos7x$$
$$\therefore f'(2\pi)=28\cos(14\pi)=28$$

18 $\displaystyle\lim_{h\to0}\frac{f(\pi+h)-f(\pi-h)}{h}$
$$=\lim_{h\to0}\frac{\{f(\pi+h)-f(\pi)\}-\{f(\pi-h)-f(\pi)\}}{h}$$
$$=\lim_{h\to0}\left\{\frac{f(\pi+h)-f(\pi)}{h}+\frac{f(\pi-h)-f(\pi)}{-h}\right\}$$
$$=f'(\pi)+f'(\pi)$$
$$=2f'(\pi)$$

19 $f(x)=\tan2x+3\sin x$에서
$$f'(x)=2\sec^2 2x+3\cos x$$이므로
$$2f'(\pi)=2(2\sec^2 2\pi+3\cos\pi)$$
$$=2\{2\times1^2+3\times(-1)\}$$
$$=-2$$

19 $f(x)=\cos x+4e^{2x}$에서
$$f'(x)=-\sin x+4e^{2x}\times2=-\sin x+8e^{2x}$$
$$\therefore f'(0)=0+8=8$$

20 $f'(x)=-2\cos x\times(\cos x)'$
$$=2\cos x\sin x$$
이므로
$$f'\left(\frac{\pi}{4}\right)=2\cos\frac{\pi}{4}\sin\frac{\pi}{4}$$
$$=2\times\frac{\sqrt{2}}{2}\times\frac{\sqrt{2}}{2}$$
$$=1$$

21 $f(x)=\dfrac{x^2-2x-6}{x-1}$
에서
$$f'(x)=\frac{(2x-2)(x-1)-(x^2-2x-6)}{(x-1)^2}$$
$$\therefore f'(0)=\frac{(-2)\times(-1)-(-6)}{(-1)^2}=8$$

22 $f'(x)=\dfrac{\frac{1}{x}\times x^2-\ln x\times2x}{x^4}=\dfrac{1-2\ln x}{x^3}$
이므로
$$f'(e)=\frac{1-2\ln e}{e^3}=-\frac{1}{e^3}$$
$$\therefore \lim_{h\to0}\frac{f(e+h)-f(e-2h)}{h}$$
$$=\lim_{h\to0}\frac{\{f(e+h)-f(e)\}-\{f(e-2h)-f(e)\}}{h}$$
$$=\lim_{h\to0}\frac{f(e+h)-f(e)}{h}+\lim_{h\to0}\frac{f(e-2h)-f(e)}{-2h}\times2$$
$$=f'(e)+2f'(e)$$
$$=3f'(e)$$
$$=3\times\left(-\frac{1}{e^3}\right)$$
$$=-\frac{3}{e^3}$$

23 $g(x)=\dfrac{f(x)}{(e^x+1)^2}$ 이므로
$$g'(x)=\frac{f'(x)\times(e^x+1)^2-f(x)\times2(e^x+1)e^x}{(e^x+1)^4}$$
$$=\frac{f'(x)\times(e^x+1)-2e^xf(x)}{(e^x+1)^3}$$
$$\therefore g'(0)=\frac{f'(0)\times(e^0+1)-2e^0f(0)}{(e^0+1)^3}$$
$$=\frac{2f'(0)-2f(0)}{2^3}$$

$$= \frac{f'(0) - f(0)}{4}$$
$$= \frac{2}{4} = \frac{1}{2}$$

24 $\lim_{x \to 2} \dfrac{f(x) - 3}{x - 2} = 5$에서

$x \to 2$일 때 (분모)$\to 0$이므로 (분자)$\to 0$이어야 한다.

즉, $\lim_{x \to 2} \{f(x) - 3\} = 0$

함수 $f(x)$가 실수 전체의 집합에서 미분가능하므로 실수 전체의 집합에서 연속이다.

따라서 $\lim_{x \to 2} \{f(x) - 3\} = f(2) - 3 = 0$에서

$f(2) = 3$

$\lim_{x \to 2} \dfrac{f(x) - f(2)}{x - 2} = 5$이므로

$f'(2) = 5$

$g(x) = \dfrac{f(x)}{e^{x-2}}$에서

$g'(x) = \dfrac{f'(x) \times e^{x-2} - f(x) \times (e^{x-2})'}{(e^{x-2})^2}$

$\qquad = \dfrac{\{f'(x) - f(x)\} \times e^{x-2}}{(e^{x-2})^2}$

$\qquad = \dfrac{f'(x) - f(x)}{e^{x-2}}$

$\therefore g'(2) = \dfrac{f'(2) - f(2)}{e^0}$

$\qquad = \dfrac{5 - 3}{1} = 2$

예상문제 도전하기 본문 049쪽

25 ⑤	26 ①	27 24	28 16
29 ①	30 1	31 ④	

25 $f(x) = e^{2x}$에서

$f'(x) = e^{2x} \times 2 = 2e^{2x}$

$\therefore f'(\ln 2) = 2e^{2 \ln 2} = 2e^{\ln 4} = 2 \times 4^{\ln e} = 2 \times 4 = 8$

26 $f(e^x) = \sqrt{x}$의 양변을 x에 대하여 미분하면

$f'(e^x) \times e^x = \dfrac{1}{2} x^{-\frac{1}{2}}$

$x = 1$을 대입하면

$f'(e) \times e = \dfrac{1}{2}$

$\therefore f'(e) = \dfrac{1}{2e}$

27 $f(x) = 12 \ln(2x - 1)$에서

$f'(x) = 12 \times \dfrac{1}{2x - 1} \times 2 = \dfrac{24}{2x - 1}$

$\therefore f'(1) = 24$

28 $f(x) = 20 \ln(x^2 + 6x + 3)$에서

$f'(x) = 20 \times \dfrac{1}{x^2 + 6x + 3} \times (2x + 6) = \dfrac{20(2x + 6)}{x^2 + 6x + 3}$

$\therefore f'(1) = \dfrac{160}{10} = 16$

29 $f(x) = \log_3(x^2 - 1)$에서

$f'(x) = \dfrac{1}{(x^2 - 1) \ln 3} \times (x^2 - 1)'$

$\qquad = \dfrac{2x}{(x^2 - 1) \ln 3}$

$\therefore f'(3) = \dfrac{6}{8 \ln 3} = \dfrac{3}{4 \ln 3}$

30 $f(x) = \sin 2x + \cos 3x$에서

$f'(x) = \cos 2x \times (2x)' - \sin 3x \times (3x)'$

$\qquad = 2 \cos 2x - 3 \sin 3x$

$\therefore f'\left(\dfrac{\pi}{2}\right) = 2 \cos \pi - 3 \sin \dfrac{3}{2}\pi$

$\qquad = 2 \times (-1) - 3 \times (-1) = 1$

31 $f(x) = \dfrac{2x^2 + 3x}{x^2 + 1}$에서

$f'(x) = \dfrac{(4x + 3)(x^2 + 1) - (2x^2 + 3x)(2x)}{(x^2 + 1)^2}$

$\therefore f'(1) = \dfrac{14 - 10}{4} = 1$

08 매개변수로 나타낸 함수, 음함수의 미분법

기본문제 다지기 본문 051쪽

01 -5	02 ⑤	03 ①	04 ④
05 3	06 12		

01 $x^3 - 2x + y^2 = 5$의 양변을 x에 대하여 미분하면

$3x^2 - 2 + 2y \dfrac{dy}{dx} = 0$

$\therefore \dfrac{dy}{dx} = \dfrac{-3x^2 + 2}{2y}$

따라서 점 $(2, 1)$에서의 접선의 기울기는

$\dfrac{-3 \times 4 + 2}{2 \times 1} = -5$

02 $e^x - e^y = x^2 - 1$의 양변을 x에 대하여 미분하면

$$e^x - e^y \frac{dy}{dx} = 2x$$

$$e^y \frac{dy}{dx} = e^x - 2x$$

$$\therefore \frac{dy}{dx} = \frac{e^x - 2x}{e^y}$$

따라서 점 $(1, 1)$에서의 접선의 기울기는

$$\frac{e-2}{e}$$

03 $\sin x + xy = 2x$의 양변을 x에 대하여 미분하면

$$\cos x + y + x \frac{dy}{dx} = 2$$

$$x \frac{dy}{dx} = -\cos x - y + 2$$

$$\therefore \frac{dy}{dx} = \frac{-\cos x - y + 2}{x} \text{ (단, } x \neq 0)$$

따라서 점 $(\pi, 2)$에서의 접선의 기울기는

$$\frac{-\cos \pi - 2 + 2}{\pi} = \frac{1}{\pi}$$

04 $x = 2t + 3$에서 $\frac{dx}{dt} = 2$, $y = 3t^2 + 2t$에서 $\frac{dy}{dt} = 6t + 2$이므로

$$\frac{dy}{dx} = \frac{\frac{dy}{dt}}{\frac{dx}{dt}} = \frac{6t+2}{2} = 3t + 1$$

따라서 $t = 1$일 때, $\frac{dy}{dx}$의 값은

$$3 + 1 = 4$$

05 $\lim_{h \to 0} \frac{f(2+2h) - f(2)}{h} = \lim_{h \to 0} \frac{f(2+2h) - f(2)}{2h} \times 2$

$$= 2f'(2)$$

$x = 2t - 1$에서 $\frac{dx}{dt} = 2$, $y = t^2 + 1$에서 $\frac{dy}{dt} = 2t$이므로

$$\frac{dy}{dx} = \frac{\frac{dy}{dt}}{\frac{dx}{dt}} = \frac{2t}{2} = t$$

한편, $x = 2$이면 $t = \frac{3}{2}$이므로

$$f'(2) = \frac{3}{2}$$

$$\therefore \lim_{h \to 0} \frac{f(2+2h) - f(2)}{h} = 2f'(2) = 2 \times \frac{3}{2} = 3$$

06 $x = \cos \theta$에서 $\frac{dx}{d\theta} = -\sin \theta$, $y = \sin 2\theta$에서 $\frac{dy}{d\theta} = 2\cos 2\theta$

이므로

$$\frac{dy}{dx} = \frac{\frac{dy}{d\theta}}{\frac{dx}{d\theta}} = -\frac{2\cos 2\theta}{\sin \theta} \text{ (단, } \sin \theta \neq 0)$$

$\theta = \frac{\pi}{3}$일 때, 접선의 기울기는

$$m = -\frac{2 \times \left(-\frac{1}{2}\right)}{\frac{\sqrt{3}}{2}} = \frac{2}{\sqrt{3}}$$

$$\therefore 9m^2 = 9 \times \left(\frac{2}{\sqrt{3}}\right)^2 = 12$$

기출문제 맛보기   본문 052~053쪽

07 ⑤	08 ④	09 ①	10 ①
11 ③	12 ⑤	13 ④	14 ④
15 ⑤	16 ④	17 ①	18 ②
19 ②	20 ②		

07 $x^2 + xy + y^3 = 7$의 양변을 x에 대하여 미분하면

$$2x + y + x \frac{dy}{dx} + 3y^2 \frac{dy}{dx} = 0$$

$$(x + 3y^2) \frac{dy}{dx} = -(2x + y)$$

$$\therefore \frac{dy}{dx} = -\frac{2x+y}{x+3y^2} \text{ (단, } x + 3y^2 \neq 0)$$

따라서 곡선 $x^2 + xy + y^3 = 7$ 위의 점 $(2, 1)$에서의 접선의 기울기는

$$-\frac{2 \times 2 + 1}{2 + 3 \times 1^2} = -1$$

08 $x^2 - 3xy + y^2 = x$의 양변을 x에 대하여 미분하면

$$2x - 3y - 3x \frac{dy}{dx} + 2y \frac{dy}{dx} = 1$$

$$(3x - 2y) \frac{dy}{dx} = 2x - 3y - 1$$

$$\frac{dy}{dx} = \frac{2x - 3y - 1}{3x - 2y} \text{ (단, } 3x - 2y \neq 0)$$

따라서 점 $(1, 0)$에서의 접선의 기울기는

$$\frac{2-1}{3} = \frac{1}{3}$$

09 $x^2 - y \ln x + x = e$

의 양변을 x에 대하여 미분하면

$$2x - \frac{dy}{dx} \times \ln x - y \times \frac{1}{x} + 1 = 0$$

$$\frac{dy}{dx} = \frac{2x - \frac{y}{x} + 1}{\ln x}$$

그러므로 점 (e, e^2)에서의 접선의 기울기는

$$\frac{2e - \frac{e^2}{e} + 1}{\ln e} = e + 1$$

10 점 (a, b)가 곡선 $e^x - e^y = y$ 위의 점이므로

$$e^a - e^b = b \qquad \cdots\cdots \ \bigcirc$$

$e^x - e^y = y$의 양변을 x에 대하여 미분하면

$$e^x - e^y \frac{dy}{dx} = \frac{dy}{dx}$$

$$\frac{dy}{dx} = \frac{e^x}{e^y + 1}$$

점 (a, b)에서의 접선의 기울기가 1이므로

$$\frac{e^a}{e^b + 1} = 1$$

$$e^a = e^b + 1$$

$$e^a - e^b = 1 \quad \cdots\cdots \text{ⓛ}$$

㉠, ⓛ에서 $b = 1$이고

$e^a = e + 1$에서 $a = \ln(e + 1)$

$\therefore a + b = 1 + \ln(e + 1)$

11 $e^x - xe^y = y$의 양변을 x에 대하여 미분하면

$$e^x - e^y - xe^y \frac{dy}{dx} = \frac{dy}{dx}$$

이므로 $\dfrac{dy}{dx} = \dfrac{e^x - e^y}{xe^y + 1}$

따라서 곡선 위의 점 $(0, 1)$에서의 접선의 기울기는

$$\frac{e^0 - e^1}{0 \times e^1 + 1} = 1 - e$$

12 $y^3 = \ln(5 - x^2) + xy + 4$의 양변을 x에 대하여 미분하면

$$3y^2 \frac{dy}{dx} = \frac{-2x}{5 - x^2} + y + x \frac{dy}{dx}$$

$$(3y^2 - x) \frac{dy}{dx} = \frac{-2x}{5 - x^2} + y$$

$$\therefore \frac{dy}{dx} = \frac{\dfrac{-2x}{5 - x^2} + y}{3y^2 - x} \ (\text{단, } 3y^2 - x \neq 0)$$

따라서 점 $(2, 2)$에서의 접선의 기울기는

$$\frac{-4 + 2}{12 - 2} = -\frac{1}{5}$$

13 $\pi x = \cos y + x \sin y$의 양변을 x에 대하여 미분하면

$$\pi = -\sin y \frac{dy}{dx} + \sin y + x \cos y \frac{dy}{dx}$$

$$\frac{dy}{dx} = \frac{\sin y - \pi}{\sin y - x \cos y} \ (\text{단, } \sin y - x \cos y \neq 0)$$

따라서 점 $\left(0, \dfrac{\pi}{2}\right)$에서의 접선의 기울기는

$$\frac{\sin \dfrac{\pi}{2} - \pi}{\sin \dfrac{\pi}{2} - 0 \times \cos \dfrac{\pi}{2}} = 1 - \pi$$

14 $x = e^t - 4e^{-t}, y = t + 1$에서

$$\frac{dx}{dt} = e^t + 4e^{-t},$$

$$\frac{dy}{dt} = 1$$

이므로

$$\frac{dy}{dx} = \frac{\dfrac{dy}{dt}}{\dfrac{dx}{dt}} = \frac{1}{e^t + 4e^{-t}}$$

따라서 $t = \ln 2$일 때, $\dfrac{dy}{dx}$의 값은

$$\frac{1}{e^{\ln 2} + 4e^{-\ln 2}} = \frac{1}{2 + 4 \times \dfrac{1}{2}} = \frac{1}{4}$$

15 $x = \ln t + t, \ y = -t^3 + 3t$이므로

$$\frac{dy}{dx} = \frac{\dfrac{dy}{dt}}{\dfrac{dx}{dt}} = \frac{-3t^2 + 3}{\dfrac{1}{t} + 1}$$

$$= \frac{-3t(t + 1)(t - 1)}{t + 1}$$

$$= -3t(t - 1)$$

$f(t) = -3t(t - 1)$이라 하면 함수 $y = f(t)$의 그래프는 $t = \dfrac{1}{2}$에서 대칭이고 최고차항의 계수가 음수이므로 $t = \dfrac{1}{2}$에서 최댓값을 갖는다.

$$\therefore a = \frac{1}{2}$$

16 $\dfrac{dy}{dt} = \dfrac{6t}{t^2 + 1}, \ \dfrac{dx}{dt} = \dfrac{-5t^2 + 5}{(t^2 + 1)^2}$

이므로

$$\frac{dy}{dx} = \frac{\dfrac{dy}{dt}}{\dfrac{dx}{dt}} = \frac{\dfrac{6t}{t^2 + 1}}{\dfrac{-5t^2 + 5}{(t^2 + 1)^2}}$$

$$= \frac{6t(t^2 + 1)}{-5t^2 + 5}$$

$t = 2$를 대입하면

$$\frac{6 \times 2 \times (2^2 + 1)}{-5 \times 2^2 + 5} = \frac{12 \times 5}{-20 + 5} = -4$$

17 $x = t - \dfrac{2}{t}$에서 $\dfrac{dx}{dt} = 1 + \dfrac{2}{t^2}$

$y = t^2 + \dfrac{2}{t^2}$에서 $\dfrac{dy}{dt} = 2t + \dfrac{-2 \times 2t}{t^4} = 2t - \dfrac{4}{t^3}$

이므로 $t = 1$일 때

$$\frac{dy}{dx} = \frac{\dfrac{dy}{dt}}{\dfrac{dx}{dt}} = \frac{2 - 4}{1 + 2} = -\frac{2}{3}$$

18 $\dfrac{dx}{dt} = 1 - 2 \sin 2t, \ \dfrac{dy}{dt} = 2 \sin t \cos t$이므로

$$\frac{dy}{dx} = \frac{\dfrac{dy}{dt}}{\dfrac{dx}{dt}} = \frac{2 \sin t \cos t}{1 - 2 \sin 2t} \quad \cdots\cdots \text{㉠}$$

(단, $1 - 2 \sin 2t \neq 0$)

㉠의 우변에 $t = \dfrac{\pi}{4}$를 대입하면

$$\frac{2 \sin \dfrac{\pi}{4} \cos \dfrac{\pi}{4}}{1 - 2 \sin \dfrac{\pi}{2}} = \frac{2 \times \dfrac{\sqrt{2}}{2} \times \dfrac{\sqrt{2}}{2}}{1 - 2 \times 1} = \frac{1}{1 - 2} = -1$$

19 $x = \ln(t^3 + 1)$에서 $\dfrac{dx}{dt} = \dfrac{3t^2}{t^3 + 1}$

$y = \sin \pi t$에서 $\dfrac{dy}{dt} = \pi \cos \pi t$

따라서

$$\frac{dy}{dx}=\frac{\dfrac{dy}{dt}}{\dfrac{dx}{dt}}$$

$$=\frac{\pi\cos\pi t}{\dfrac{3t^2}{t^3+1}}=\frac{\pi(t^3+1)\cos\pi t}{3t^2}$$

따라서 $t=1$일 때의 $\dfrac{dy}{dx}$의 값은

$$\frac{\pi(1^3+1)\cos\pi}{3\times1^2}=\frac{\pi\times2\times(-1)}{3}=-\frac{2}{3}\pi$$

20 $\dfrac{dx}{dt}=e^t-\sin t,\ \dfrac{dy}{dt}=\cos t$이므로

$$\frac{dy}{dx}=\frac{\dfrac{dy}{dt}}{\dfrac{dx}{dt}}=\frac{\cos t}{e^t-\sin t}$$

따라서 $t=0$일 때 $\dfrac{dy}{dx}$의 값은

$$\frac{1}{1-0}=1$$

예상문제 도전하기

본문 054 ~ 055쪽

21 ④	22 ⑤	23 ②	24 ③
25 ①	26 ①	27 ④	28 ②
29 ④	30 ②	31 ②	32 ④

21 $x^3+y^3+3xy+27=0$의 양변을 x에 대하여 미분하면

$$3x^2+3y^2\frac{dy}{dx}+3y+3x\frac{dy}{dx}=0$$

$$(y^2+x)\frac{dy}{dx}=-(x^2+y)$$

$$\therefore \frac{dy}{dx}=-\frac{x^2+y}{y^2+x}\ (단,\ y^2+x\neq0)$$

따라서 점 $(0,-3)$에서의 접선의 기울기는

$$-\frac{-3}{9}=\frac{1}{3}$$

22 $x^2+y^2+axy+b=0$의 양변을 x에 대하여 미분하면

$$2x+2y\frac{dy}{dx}+ay+ax\frac{dy}{dx}=0$$

$$\therefore \frac{dy}{dx}=-\frac{2x+ay}{ax+2y}\ (단,\ ax+2y\neq0)$$

이때 점 $(2,3)$에서의 $\dfrac{dy}{dx}$의 값이 1이므로

$$-\frac{4+3a}{2a+6}=1,\ 4+3a=-2a-6$$

$$5a=-10$$

$$\therefore a=-2$$

또 주어진 곡선이 점 $(2,3)$을 지나므로

$4+9+(-2)\times6+b=0$

$\therefore b=-1$

즉, 곡선 $x^2+y^2-2xy-1=0$이 두 점 $(3,m)$, $(3,n)$을 지나므로

$9+y^2-6y-1=0,\ y^2-6y+8=0$

$(y-2)(y-4)=0$

$\therefore y=2$ 또는 $y=4$

$\therefore m+n=2+4=6$

23 점 (a,b)는 곡선 $x^2-xy+y^2=3$ 위의 점이므로

$a^2-ab+b^2=3$ ······㉠

$x^2-xy+y^2=3$의 양변을 x에 대하여 미분하면

$$2x-y-x\frac{dy}{dx}+2y\frac{dy}{dx}=0$$

$$(-x+2y)\frac{dy}{dx}=y-2x$$

$$\therefore \frac{dy}{dx}=\frac{y-2x}{2y-x}\ (단,\ 2y-x\neq0)$$

점 (a,b)에서의 접선의 기울기가 1이므로

$$\frac{b-2a}{2b-a}=1$$

$b-2a=2b-a$

$\therefore b=-a$ ······㉡

㉡을 ㉠에 대입하면

$a^2+a^2+a^2=3,\ 3a^2=3$

$\therefore a=1\ (\because a>0),\ b=-1$

$\therefore a-b=1-(-1)=2$

24 $e^{x+y}=e^2x$의 양변을 x에 대하여 미분하면

$$e^{x+y}\left(1+\frac{dy}{dx}\right)=e^2,\ e^{x+y}\frac{dy}{dx}=e^2-e^{x+y}$$

$$\therefore \frac{dy}{dx}=\frac{e^2}{e^{x+y}}-1=\frac{e^2}{e^2x}-1=\frac{1}{x}-1\ (단,\ x\neq0)$$

따라서 점 $(1,1)$에서의 접선의 기울기는

$$\frac{1}{1}-1=0$$

25 $y^2=\ln(2-x^2)+4$의 양변을 x에 대하여 미분하면

$$2y\frac{dy}{dx}=\frac{-2x}{2-x^2}$$

$$\therefore \frac{dy}{dx}=\frac{-x}{(2-x^2)y}\ (단,\ y\neq0)$$

따라서 점 $(1,2)$에서의 접선의 기울기는

$$\frac{-1}{(2-1)\times2}=-\frac{1}{2}$$

26 $x+\sin x-xy=0$의 양변을 x에 대하여 미분하면

$$1+\cos x-y-x\frac{dy}{dx}=0$$

$$\therefore \frac{dy}{dx}=\frac{1+\cos x-y}{x}\ (단,\ x\neq0)$$

따라서 점 $(\pi,1)$에서의 $\dfrac{dy}{dx}$의 값은

$$\frac{1+(-1)-1}{\pi}=-\frac{1}{\pi}$$

27 $x\sin y+\cos y=a-x^3$의 양변을 x에 대하여 미분하면

$$\sin y+x\cos y\frac{dy}{dx}-\sin y\frac{dy}{dx}=-3x^2$$

$$(x\cos y-\sin y)\frac{dy}{dx}=-\sin y-3x^2$$

$$\therefore \frac{dy}{dx}=\frac{-\sin y-3x^2}{x\cos y-\sin y}\ (\text{단},\ x\cos y-\sin y\neq0)$$

$x=b,\ y=\pi$를 대입하면

$$\frac{dy}{dx}=\frac{-\sin\pi-3b^2}{b\cos\pi-\sin\pi}=\frac{-3b^2}{-b}=3b=6$$

$$\therefore b=2$$

$x\sin y+\cos y=a-x^3$에 $x=2,\ y=\pi$를 대입하면

$$2\sin\pi+\cos\pi=a-2^3$$

$$-1=a-8$$

$$\therefore a=7$$

$$\therefore a+b=7+2=9$$

28 $x=t^3$에서 $\frac{dx}{dt}=3t^2$, $y=t-t^2$에서 $\frac{dy}{dt}=1-2t$이므로

$$\frac{dy}{dx}=\frac{\frac{dy}{dt}}{\frac{dx}{dt}}=\frac{1-2t}{3t^2}\ (\text{단},\ t\neq0)$$

따라서 $t=1$일 때, $\frac{dy}{dx}$의 값은

$$\frac{1-2\times1}{3\times1^2}=-\frac{1}{3}$$

29 $x=2t-1$에서 $\frac{dx}{dt}=2$, $y=t^2+t-1$에서 $\frac{dy}{dt}=2t+1$이므로

$$\frac{dy}{dx}=\frac{\frac{dy}{dt}}{\frac{dx}{dt}}=\frac{2t+1}{2}$$

$x=2t-1=1$, $y=t^2+t-1=1$을 만족시키는 t의 값은 $t=1$이므로 점 $(1,1)$에서의 접선의 기울기는

$$\frac{2\times1+1}{2}=\frac{3}{2}$$

30 $x=t^2-\frac{2}{t}$에서 $\frac{dx}{dt}=2t+\frac{2}{t^2}$,

$y=t+\frac{2}{t}$에서 $\frac{dy}{dt}=1-\frac{2}{t^2}$이므로

$$\frac{dy}{dx}=\frac{\frac{dy}{dt}}{\frac{dx}{dt}}=\frac{1-\frac{2}{t^2}}{2t+\frac{2}{t^2}}=\frac{t^2-2}{2t^3+2}$$

$t=1$일 때, $\frac{dy}{dx}$의 값은

$$\frac{1-2}{2\times1+2}=-\frac{1}{4}$$

31 $x=\tan\theta$에서 $\frac{dx}{d\theta}=\sec^2\theta$,

$y=\cos^2\theta$에서 $\frac{dy}{d\theta}=-2\cos\theta\sin\theta$이므로

$$\frac{dy}{dx}=\frac{\frac{dy}{d\theta}}{\frac{dx}{d\theta}}=\frac{-2\cos\theta\sin\theta}{\sec^2\theta}$$

한편, $x=\tan\theta=1$에서 $\theta=\frac{\pi}{4}\left(\because -\frac{\pi}{2}<\theta<\frac{\pi}{2}\right)$

따라서 점 $\left(1,\frac{1}{2}\right)$에서의 접선의 기울기는

$$\frac{-2\times\frac{\sqrt{2}}{2}\times\frac{\sqrt{2}}{2}}{(\sqrt{2})^2}=-\frac{1}{2}$$

32 $x=t\sin t$에서 $\frac{dx}{dt}=\sin t+t\cos t$,

$y=e^t\cos t$에서 $\frac{dy}{dt}=e^t\cos t-e^t\sin t$이므로

$$\frac{dy}{dx}=\frac{\frac{dy}{dt}}{\frac{dx}{dt}}=\frac{e^t(\cos t-\sin t)}{\sin t+t\cos t}\ (\text{단},\ \sin t+t\cos t\neq0)$$

$t=\frac{\pi}{2}$일 때, 접선의 기울기는

$$m=\frac{e^{\frac{\pi}{2}}(0-1)}{1+\frac{\pi}{2}\times0}=-e^{\frac{\pi}{2}}$$

$$\therefore \ln(-m)=\ln e^{\frac{\pi}{2}}=\frac{\pi}{2}$$

09 역함수의 미분법과 이계도함수

기본문제 다지기

본문 057쪽

01 ③	02 ②	03 ④	04 ①

01 $f^{-1}(x)=g(x)$이므로 $f(2)=5$에서

$f^{-1}(5)=2$, 즉 $g(5)=2$

$$\therefore g'(5)=\frac{1}{f'(g(5))}=\frac{1}{f'(2)}=3$$

02 $g(2)=a$라 하면 $f(a)=2$

즉, $a^3+3a+6=2$이므로

$$a^3+3a+4=0$$

$$(a+1)(a^2-a+4)=0\qquad \therefore a=-1$$

따라서 $g(2)=-1$이고, $f'(x)=3x^2+3$이므로

$$g'(2)=\frac{1}{f'(g(2))}=\frac{1}{f'(-1)}=\frac{1}{6}$$

03 $g(1)=a$라 하면 $f(a)=1$이다.

$f(a)=e^{a-2}=1$에서 $a-2=0$

$$\therefore a=2$$

따라서 $g(1)=2$이고, $f'(x)=e^{x-2}$이므로
$$g'(1)=\frac{1}{f'(2)}=\frac{1}{e^0}=1$$

04 $f'(x)=2x-\dfrac{1}{x^2}$, $f''(x)=2+\dfrac{2}{x^3}=0$에서

$x=-1$

$f''(x)$의 부호는 $x<-1$일 때 $f''(x)>0$, $-1<x<0$일 때
$f''(x)<0$이므로 변곡점의 좌표는 $(-1,\,f(-1))$,
즉 $(-1,\,0)$이다.
$$\therefore a+b=(-1)+0=-1$$

기출문제 맛보기

본문 057~059쪽

05 ③	06 ③	07 ②	08 ③
09 ⑤	10 ①	11 ⑤	12 25
13 ①	14 17	15 ④	16 ①
17 96	18 ⑤	19 ④	

05 함수 $f(x)$의 역함수가 $g(x)$이고 $f(1)=2$, $f'(1)=3$이므로
$g(2)=1$
$$g'(2)=\frac{1}{f'(g(2))}=\frac{1}{f'(1)}=\frac{1}{3}$$
함수 $h(x)=xg(x)$에서 $h'(x)=g(x)+xg'(x)$
$$\therefore h'(2)=g(2)+2g'(2)$$
$$=1+2\times\frac{1}{3}=\frac{5}{3}$$

06 $\displaystyle\lim_{x\to1}\frac{g(x)-2}{x-1}=3$에서 $x\to1$일 때, (분모)$\to0$이고 극한값이
존재하므로 (분자)$\to0$이어야 한다.
즉, $\displaystyle\lim_{x\to1}\{g(x)-2\}=0$이므로
$g(1)=2$
$$\therefore \lim_{x\to1}\frac{g(x)-g(1)}{x-1}=g'(1)=3$$
한편, $g(x)$는 $f(x)$의 역함수이므로
$f(2)=1$
$$\therefore f'(2)=\frac{1}{g'(1)}=\frac{1}{3}$$

07 함수 $g(x)$는 함수 $f(x)=x^3+2x+3$의 역함수이므로
$x=y^3+2y+3$ ……㉠
$x=3$일 때,
$3=y^3+2y+3$
$y(y^2+2)=0$
$y=0$
또, ㉠의 양변을 x에 대하여 미분하면
$$1=(3y^2+2)\frac{dy}{dx}$$

$$\frac{dy}{dx}=\frac{1}{3y^2+2}$$
따라서
$$g'(3)=\frac{1}{f'(g(3))}=\frac{1}{3\times0^2+2}=\frac{1}{2}$$

08 함수 $f(x)$의 역함수가 $g(x)$이므로
$g(3)=a$로 놓으면
$f(a)=3$
이때 $f(x)=x^3+5x+3$이므로
$a^3+5a+3=3$
$a(a^2+5)=0$
$\therefore a=0$
따라서 $f'(x)=3x^2+5$이므로
$$g'(3)=\frac{1}{f'(0)}=\frac{1}{5}$$

09 $f(0)=1$이므로 $g(1)=0$
또 $f'(x)=3x^2+1$이므로
$f'(0)=1$
$$\therefore g'(1)=\frac{1}{f'(g(1))}=\frac{1}{f'(0)}=1$$

10 $f'(x)=\dfrac{e^x}{e^x-1}$
$y=g(x)$에서 $x=f(y)=\ln(e^y-1)$
$\therefore e^y-1=e^x$
$$g'(x)=\frac{1}{f'(y)}=\frac{e^y-1}{e^y}=\frac{e^x}{e^x+1}$$
$$\therefore \frac{1}{f'(a)}+\frac{1}{g'(a)}=\frac{e^a-1}{e^a}+\frac{e^a+1}{e^a}=2$$

11 $f'(x)=\dfrac{e^{-x}}{(1+e^{-x})^2}$에서

$$f'(-1)=\frac{e}{(1+e)^2}$$
$$\therefore g'(f(-1))=\frac{1}{f'(-1)}=\frac{(1+e)^2}{e}$$

12 $f\left(\dfrac{\pi}{8}\right)=\tan\left(2\times\dfrac{\pi}{8}\right)=\tan\dfrac{\pi}{4}=1$이므로
$$g'(1)=\frac{1}{f'\left(\dfrac{\pi}{8}\right)}$$
$f'(x)=2\sec^2 2x$이므로
$$f'\left(\frac{\pi}{8}\right)=2\sec^2\frac{\pi}{4}=2\times(\sqrt{2})^2=4$$
따라서 $g'(1)=\dfrac{1}{4}$이므로
$$100\times g'(1)=100\times\frac{1}{4}=25$$

13 $f(e)=3e$이므로
$g(3e)=e$
함수 $f(x)=3x\ln x$에서
$$f'(x)=3\ln x+3x\times\frac{1}{x}$$

$$=3\ln x+3$$

이므로

$$f'(e)=3\ln e+3=6$$

$$\therefore g'(3e)=\frac{1}{f'(g(3e))}=\frac{1}{f'(e)}=\frac{1}{6}$$

$$\therefore \lim_{h\to 0}\frac{g(3e+h)-g(3e-h)}{h}$$

$$=\lim_{h\to 0}\frac{g(3e+h)-g(3e)}{h}+\lim_{h\to 0}\frac{g(3e-h)-g(3e)}{-h}$$

$$=g'(3e)+g'(3e)$$

$$=2g'(3e)$$

$$=2\times\frac{1}{6}=\frac{1}{3}$$

14 곡선 $y=g(x)$가 점 $(3,0)$을 지나므로

$$g(3)=0$$

따라서 $f(0)=3$이므로 역함수의 미분법에 의해

$$g'(3)=\frac{1}{f'(g(3))}=\frac{1}{f'(0)}$$

$f'(x)=15e^{5x}+1+\cos x$에서

$$f'(0)=15+1+1=17$$

$$\therefore \lim_{x\to 3}\frac{x-3}{g(x)-g(3)}$$

$$=\lim_{x\to 3}\frac{1}{\dfrac{g(x)-g(3)}{x-3}}$$

$$=\frac{1}{\lim\limits_{x\to 3}\dfrac{g(x)-g(3)}{x-3}}$$

$$=\frac{1}{g'(3)}$$

$$=f'(0)=17$$

15 $f(x)=xe^x$에서

$$f'(x)=e^x+xe^x=(x+1)e^x$$

$$f''(x)=e^x+(x+1)e^x=(x+2)e^x$$

$f''(x)=0$에서

$$(x+2)e^x=0$$

$$\therefore x=-2$$

$f''(-2)=0$이고 $x=-2$의 좌우에서 $f''(x)$의 부호가 변하므로 곡선 $y=f(x)$의 변곡점의 좌표는 $(-2, f(-2))$이다.

$f(-2)=-2e^{-2}=-\dfrac{2}{e^2}$이므로

$$a=-2,\ b=-\frac{2}{e^2}$$

$$\therefore ab=(-2)\times\left(-\frac{2}{e^2}\right)=\frac{4}{e^2}$$

16 $\lim\limits_{h\to 0}\dfrac{f'(a+h)-f'(a)}{h}$

$$=f''(a)=2 \qquad \cdots\cdots\ \boxdot$$

한편, $f(x)=\dfrac{1}{x+3}$에서

$$f'(x)=-\frac{1}{(x+3)^2}$$

$$f''(x)=\frac{2}{(x+3)^3}$$

이므로 ㉠에서

$$\frac{2}{(a+3)^3}=2$$

$$(a+3)^3=1,\ a+3=1$$

$$\therefore a=-2$$

17 점 $(2,a)$가 곡선 $y=\dfrac{2}{x^2+b}$ $(b>0)$의 변곡점이므로

$$\frac{2}{b+4}=a \qquad \cdots\cdots\ \boxdot$$

또한,

$$y'=\frac{-4x}{(x^2+b)^2}$$

$$y''=\frac{-4(x^2+b)^2+4x\times 2(x^2+b)\times 2x}{(x^2+b)^4}$$

$$=\frac{-4(x^2+b)+16x^2}{(x^2+b)^3}$$

$$=\frac{12x^2-4b}{(x^2+b)^3}$$

이므로

$$\frac{12\times 2^2-4b}{(2^2+b)^3}=\frac{48-4b}{(b+4)^3}=0$$

즉, $b=12$이므로 ㉠에 대입하여 정리하면

$$a=\frac{1}{8}$$

$$\therefore \frac{b}{a}=\frac{12}{\dfrac{1}{8}}=96$$

18 $f(x)=\left(\ln\dfrac{1}{ax}\right)^2=\left(-\ln ax\right)^2=(\ln ax)^2$이라 하면

$$f'(x)=2\ln ax\times\frac{a}{ax}=\frac{2\ln ax}{x}$$

$$f''(x)=\frac{\dfrac{2}{x}\times x-2\ln ax}{x^2}=\frac{2(1-\ln ax)}{x^2}$$

$f''(x)=0$에서 $1-\ln ax=0$

$$\therefore x=\frac{e}{a}$$

$x<\dfrac{e}{a}$일 때, $f''(x)>0$이고 $x>\dfrac{e}{a}$일 때, $f''(x)<0$이다.

따라서 $x=\dfrac{e}{a}$의 좌우에서 $f''(x)$의 부호가 바뀌므로 변곡점의 좌표는 $\left(\dfrac{e}{a},1\right)$이다.

이때 변곡점이 직선 $y=2x$ 위에 있으므로

$$\frac{2e}{a}=1$$

$$\therefore a=2e$$

19 $y'=2ax-4\cos 2x$

$$y''=2a+8\sin 2x$$

$y''=0$에서 $\sin 2x=-\dfrac{a}{4}$

곡선 $y=ax^2-2\sin 2x$가 변곡점을 가져야 하므로

$-1 < -\dfrac{a}{4} < 1$에서 $-4 < a < 4$

따라서 정수 a의 값은 -3, -2, -1, 0, 1, 2, 3이고, 그 개수는 7이다.

20 $g(2) = a$라 하면 $f(a) = 2$

$4 \sin a = 2$

$\therefore \sin a = \dfrac{1}{2}$

$0 \le a \le \dfrac{\pi}{2}$에서 $a = \dfrac{\pi}{6}$

따라서 $g(2) = \dfrac{\pi}{6}$이고 $f'(x) = 4 \cos x$이므로

$g'(2) = \dfrac{1}{f'\left(\dfrac{\pi}{6}\right)} = \dfrac{1}{2\sqrt{3}} = \dfrac{\sqrt{3}}{6}$

21 $g(4) = a$라 하면 $f(a) = 4$

$a^3 + 3a = 4$, $a^3 + 3a - 4 = 0$

$(a-1)(a^2 + a + 4) = 0$

$\therefore a = 1$ $(\because a^2 + a + 4 > 0)$

따라서 $g(4) = 1$이고, $f'(x) = 3x^2 + 3$이므로

$f'(3) = 27 + 3 = 30$, $g'(4) = \dfrac{1}{f'(1)} = \dfrac{1}{6}$

$\therefore f'(3)g'(4) = 30 \times \dfrac{1}{6} = 5$

22 $f(x) = e^{2x} + \ln x$에서 $f'(x) = 2e^{2x} + \dfrac{1}{x}$

$f'(1) = 2e^2 + 1$

$\therefore g'(f(1)) = \dfrac{1}{f'(1)} = \dfrac{1}{2e^2 + 1}$

23 $f(x) = ax \ln x - x^2$에서 $f'(x) = a \ln x + a - 2x$

$f'(1) = 2$이므로

$f'(1) = a \ln 1 + a - 2 = a - 2 = 2$

$\therefore a = 4$

$f'(x) = 4 \ln x + 4 - 2x$에서

$f''(x) = \dfrac{4}{x} - 2$

$\therefore \displaystyle\lim_{x \to 1} \dfrac{f'(x) - 2}{x^2 - 1} = \lim_{x \to 1} \dfrac{f'(x) - f'(1)}{x - 1} \times \dfrac{1}{x + 1}$

$= \dfrac{1}{2} f''(1) = \dfrac{1}{2}(4 - 2) = 1$

---

10 접선의 방정식

01 $f(x) = \dfrac{2x - 5}{x - 2}$로 놓으면

$f'(x) = \dfrac{(2x-5)'(x-2) - (2x-5)(x-2)'}{(x-2)^2}$

$= \dfrac{2(x-2) - (2x-5)}{(x-2)^2}$

$= \dfrac{1}{(x-2)^2}$

점 $(3, 1)$에서의 접선의 기울기는 $f'(3) = 1$이므로 접선의 방정식은

$y - 1 = 1 \times (x - 3)$

$\therefore y = x - 2$

따라서 접선의 y절편은 -2이다.

02 $f(x) = e^{2x}$으로 놓으면 $f'(x) = 2e^{2x}$이므로 $x = 0$에서의 접선의 기울기는 $f'(0) = 2e^0 = 2$

따라서 구하는 접선의 방정식은

$y - 1 = 2(x - 0)$

$\therefore y = 2x + 1$

03 $f(x) = \ln x$로 놓으면 $f'(x) = \dfrac{1}{x}$이므로 $x = e$에서의 접선의 기울기는

$f'(e) = \dfrac{1}{e}$

따라서 구하는 접선의 방정식은

$y - 1 = \dfrac{1}{e}(x - e)$

$\therefore y = \dfrac{1}{e}x$

04 $g(x) = \tan 2x$로 놓으면

$g'(x) = \sec^2 2x \times (2x)' = 2 \sec^2 2x$

이므로 $x = \dfrac{\pi}{8}$에서의 접선의 기울기는

$g'\left(\dfrac{\pi}{8}\right) = 2 \sec^2 \dfrac{\pi}{4} = \dfrac{2}{\cos^2 \dfrac{\pi}{4}} = \dfrac{2}{\left(\dfrac{\sqrt{2}}{2}\right)^2} = 4$

즉, 점 $\left(\dfrac{\pi}{8}, 1\right)$에서의 접선의 방정식은

$y - 1 = 4\left(x - \dfrac{\pi}{8}\right)$

$\therefore y = 4x - \dfrac{\pi}{2} + 1$

따라서 $f(x) = 4x - \dfrac{\pi}{2} + 1$이므로

$$f\left(\frac{\pi}{4}\right)=\pi-\frac{\pi}{2}+1=\frac{\pi}{2}+1$$

05 $f(x)=e^x$으로 놓으면

$f'(x)=e^x$

접점의 좌표를 $(t,\,e^t)$이라 하면 접선의 기울기가 $\dfrac{1}{e}$이므로

$$f'(t)=e^t=\frac{1}{e}=e^{-1}$$

$\therefore t=-1$

따라서 접점의 좌표는 $\left(-1,\,\dfrac{1}{e}\right)$이므로 접선의 방정식은

$$y-\frac{1}{e}=\frac{1}{e}(x+1)$$

$$\therefore y=\frac{1}{e}x+\frac{2}{e}$$

$$\therefore k=\frac{2}{e}$$

06 $x^2-xy+y^2=3$의 양변을 x에 대하여 미분하면

$$2x-y-x\frac{dy}{dx}+2y\frac{dy}{dx}=0$$

$$(-x+2y)\frac{dy}{dx}=y-2x$$

$$\therefore \frac{dy}{dx}=\frac{y-2x}{2y-x}\ (단,\ 2y-x\neq0)$$

즉, 점 $(1,\,-1)$에서의 접선의 기울기는

$$\frac{-1-2}{-2-1}=1$$

이므로 접선의 방정식은

$y+1=1\times(x-1)$

$\therefore y=x-2$

$\therefore a+b=1-2=-1$

기출문제 맛보기

본문 062쪽

07 ④	08 ①	09 ⑤	10 ⑤
11 ②	12 ①	13 ①	14 ④

07 $f(x)=\ln 5x$로 놓으면

$$f'(x)=\frac{1}{5x}\times(5x)'=\frac{1}{x}$$

점 $\left(\dfrac{1}{5},\,0\right)$에서의 접선의 기울기는 $f'\left(\dfrac{1}{5}\right)=5$이므로 접선의

방정식은

$$y-0=5\left(x-\frac{1}{5}\right)$$

$\therefore y=5x-1$

따라서 접선의 y절편은 -1이다.

08 $y=\ln(x-3)+1$에서 $y'=\dfrac{1}{x-3}$이므로

곡선 $y=\ln(x-3)+1$ 위의 점 $(4,\,1)$에서의 접선의 방정식은

$$y-1=\frac{1}{4-3}(x-4)$$

즉, $y=x-3$이므로 $a=1$, $b=-3$

$\therefore a+b=-2$

09 $y=3e^{x-1}$에서 $y'=3e^{x-1}$

점 A의 좌표를 $(a,\,3e^{a-1})$이라 하면 접선의 기울기는 $3e^{a-1}$이므로 접선의 방정식은

$$y-3e^{a-1}=3e^{a-1}(x-a)$$

이때 접선이 원점을 지나므로 $x=0$, $y=0$을 대입하면

$$0-3e^{a-1}=3e^{a-1}(0-a),\ -3e^{a-1}=-3e^{a-1}a$$

$\therefore a=1$

따라서 점 A의 좌표는 $A(1,\,3)$이므로

$$\overline{OA}=\sqrt{1^2+3^2}=\sqrt{10}$$

10 $e^y\ln x=2y+1$의 양변을 x에 대하여 미분하면

$$e^y\frac{dy}{dx}\times\ln x+e^y\times\frac{1}{x}=2\frac{dy}{dx}$$

$$\frac{dy}{dx}=-\frac{e^y}{x(e^y\ln x-2)}\quad\cdots\cdots\ \bigcirc$$

$\bigcirc$에 $x=e$, $y=0$을 대입하면

$$\frac{dy}{dx}=-\frac{1}{e(1\times1-2)}=\frac{1}{e}$$

곡선 위의 점 $(e,\,0)$에서의 접선의 방정식은

$$y-0=\frac{1}{e}(x-e),\ 즉\ y=\frac{1}{e}x-1$$

따라서 $a=\dfrac{1}{e}$, $b=-1$이므로

$$ab=\frac{1}{e}\times(-1)=-\frac{1}{e}$$

11 $t=0$에 대응하는 점은 $x=e^0+2\times0=1$, $y=e^{-0}+3\times0=1$이므로 $(1,\,1)$이다.

접선이 두 점 $(1,\,1)$, $(10,\,a)$를 지나므로 기울기는

$$\frac{a-1}{10-1}=\frac{a-1}{9}$$

또한, $\dfrac{dy}{dx}=\dfrac{\dfrac{dy}{dt}}{\dfrac{dx}{dt}}=\dfrac{-e^{-t}+3}{e^t+2}$이므로

$t=0$에 대응하는 점에서의 접선의 기울기는

$$\frac{-e^{-0}+3}{e^0+2}=\frac{-1+3}{1+2}=\frac{2}{3}$$

$$\therefore \frac{a-1}{9}=\frac{2}{3}$$

$\therefore a=7$

12 점 P의 x좌표를 a라 하자.

두 곡선 $y=ke^x+1$, $y=x^2-3x+4$가 점 P에서 만나므로

$ke^a+1=a^2-3a+4\quad\cdots\cdots\ \bigcirc$

또 $y=ke^x+1$에서 $y'=ke^x$이므로 점 P에서의 접선의 기울기는

ke^a이다.

$y=x^2-3x+4$에서 $y'=2x-3$이므로 점 P에서 접선의 기울기

는 $2a-3$이다.

이 두 접선이 서로 수직이므로

$ke^a(2a-3)=-1$ ...... ㉡

㉠에서

$ke^a=a^2-3a+3$

이므로 ㉡에 대입하면

$(a^2-3a+3)(2a-3)=-1$

$2a^3-9a^2+15a-8=0$

$(a-1)(2a^2-7a+8)=0$

$a=1$ 또는 $2a^2-7a+8=0$

$2a^2-7a+8=0$의 판별식을 D라 하면

$D=(-7)^2-4\times2\times8<0$

이므로 허근을 갖는다.

$\therefore a=1$

㉠에서

$k=\dfrac{a^2-3a+3}{e^a}$

이므로 $a=1$을 대입하면

$k=\dfrac{1}{e}$

13 $y=e^{-x}+e^t$이므로

$y'=-e^{-x}$

접점의 좌표를 $(s, e^{-s}+e^t)$이라고 하면 접선의 방정식은

$y=-e^{-s}(x-s)+e^{-s}+e^t$

이 접선이 원점을 지나므로

$se^{-s}+e^{-s}+e^t=0$

$e^t=-(s+1)e^{-s}$ ...... ㉠

양변을 s에 대하여 미분하면

$e^t\dfrac{dt}{ds}=-e^{-s}+(s+1)e^{-s}=se^{-s}$ ...... ㉡

또한 $f(t)=-e^{-s}$이므로 양변을 s에 대하여 미분하면

$f'(t)\dfrac{dt}{ds}=e^{-s}$ ...... ㉢

㉡, ㉢에서

$\dfrac{e^t}{f'(t)}=s$, 즉 $f'(t)=\dfrac{e^t}{s}$

또한 $f(a)=-e^{-s}=-e\sqrt{e}=-e^{\frac{3}{2}}$에서

$s=-\dfrac{3}{2}$

이고 ㉠에서 $e^a=\dfrac{1}{2}e^{\frac{3}{2}}$이므로

$f'(t)=\dfrac{e^t}{s}$에서

$f'(a)=\dfrac{\dfrac{1}{2}e^{\frac{3}{2}}}{-\dfrac{3}{2}}=-\dfrac{1}{3}e^{\frac{3}{2}}=-\dfrac{1}{3}e\sqrt{e}$

14 곡선 $y=e^{|x|}$는 y축에 대하여 대칭이다.

$x\geq0$일 때 $y=e^x$이고 접점을 (t, e^t)이라 하면 $y'=e^x$이므로 접선의 방정식은

$y-e^t=e^t(x-t)$

이 접선이 원점을 지나므로

$-e^t=e^t(-t)$, $t=1$ $(\because e^t>0)$

따라서 접선의 기울기는 e이고 이 접선과 y축에 대하여 대칭인 접

선의 기울기는 $-e$이다.

$\tan\theta=\dfrac{-e-e}{1+(-e)\times e}=\dfrac{-2e}{1-e^2}=\dfrac{2e}{e^2-1}$

본문 063쪽

예상문제 도전하기

15 ⑤	16 10	17 ④	18 ②
19 ④	20 8	21 6	22 ⑤

15 $f(x)=xe^x$으로 놓으면

$f'(x)=e^x+xe^x=(1+x)e^x$

이므로 $x=1$에서의 접선의 기울기는

$f'(1)=2e$

따라서 구하는 접선의 방정식은

$y-e=2e(x-1)$

$\therefore y=2ex-e$

16 $y=ax+b\sin x$에서 $y'=a+b\cos x$

$x=\pi$에서의 접선의 기울기가 1이므로

$a+b\cos\pi=1$

$\therefore a-b=1$ ...... ㉠

또 점 $(\pi, 2\pi)$가 곡선 $y=ax+b\sin x$ 위의 점이므로

$2\pi=a\pi+b\sin\pi$

$2\pi=a\pi$

$\therefore a=2$

$a=2$를 ㉠에 대입하면 $b=1$

$\therefore 5ab=10$

17 $f(x)=\ln x^2$으로 놓으면

$f'(x)=\dfrac{1}{x^2}\times2x=\dfrac{2}{x}$

점 $(k, 2\ln k)$에서의 접선의 기울기는 $f'(k)=\dfrac{2}{k}$이므로 접선의 방정식은

$y-2\ln k=\dfrac{2}{k}(x-k)$

$\therefore y=\dfrac{2}{k}x-2+2\ln k$

이때 접선이 원점을 지나므로 $x=0$, $y=0$을 대입하면

$0=-2+2\ln k$

$\therefore k=e$

18 $g(x)=xe^x-1$로 놓으면 $g'(x)=e^x+xe^x$

접점의 좌표를 (a, ae^a-1)이라 하면 접선의 기울기가 1이므로

$g'(a)=e^a+ae^a=1$

$e^a(1+a)=1$ ...... ㉠

㉠에서 $e^a=\dfrac{1}{a+1}$이므로 a는 두 곡선 $y=e^x$, $y=\dfrac{1}{x+1}$의 교점의 x좌표와 같다.

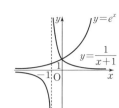

그림과 같이 두 곡선은 점 $(0, 1)$에서 만나므로 $a=0$
즉, 접점의 좌표는 $(0, -1)$이므로 접선의 방정식은
$y+1=1\times(x-0)$
$\therefore y=x-1$
따라서 $f(x)=x-1$이므로
$f(1)=0$

19 $f(x)=\sqrt{2x+12}=(2x+12)^{\frac{1}{2}}$으로 놓으면
$$f'(x)=\frac{1}{2}(2x+12)^{-\frac{1}{2}}\times2=\frac{1}{\sqrt{2x+12}}$$
접점의 좌표를 $(t, \sqrt{2t+12}\,)$라 하면 접선의 기울기가 $\frac{1}{4}$이므로
$$f'(t)=\frac{1}{\sqrt{2t+12}}=\frac{1}{4}$$
$\therefore t=2$
따라서 접점의 좌표는 $(2, 4)$이고, 직선 $y=\frac{1}{4}x+a$가 점 $(2, 4)$를 지나므로
$$4=\frac{1}{2}+a$$
$\therefore a=\frac{7}{2}$

20 $f(x)=e^{3-x}$으로 놓으면
$f'(x)=e^{3-x}\times(-1)=-e^{3-x}$
점 $(3, 1)$에서의 접선의 기울기는 $f'(3)=-e^0=-1$이므로
접선의 방정식은
$y-1=-1\times(x-3)$
$\therefore y=-x+4$
따라서 x절편과 y절편이 모두 4이므로 구하는 넓이는
$$\frac{1}{2}\times4\times4=8$$

21 $x^3+y^2-4xy=0$의 양변을 x에 대하여 미분하면
$$3x^2+2y\frac{dy}{dx}-4y-4x\frac{dy}{dx}=0$$
$$(4x-2y)\frac{dy}{dx}=3x^2-4y$$
$$\therefore \frac{dy}{dx}=\frac{3x^2-4y}{4x-2y} \text{ (단, } 4x-2y\neq0)$$
즉, 점 $(3, 9)$에서의 접선의 기울기는
$$\frac{27-36}{12-18}=\frac{3}{2}$$
이므로 접선의 방정식은
$$y-9=\frac{3}{2}(x-3)$$
$$\therefore y=\frac{3}{2}x+\frac{9}{2}$$

이 직선이 점 $(1, a)$를 지나므로
$$a=\frac{3}{2}+\frac{9}{2}=6$$

22 $x=t^3$에서 $\frac{dx}{dt}=3t^2$, $y=2t^2+1$에서 $\frac{dy}{dt}=4t$이므로
$$\frac{dy}{dx}=\frac{\frac{dy}{dt}}{\frac{dx}{dt}}=\frac{4t}{3t^2}=\frac{4}{3t}\ (t\neq0)$$
$t=2$일 때, 접선의 기울기는 $\frac{2}{3}$이고 $x=8$, $y=9$이므로 접점의 좌표는 $(8, 9)$이다.
즉, 점 $(8, 9)$를 지나고 기울기가 $\frac{2}{3}$인 직선의 방정식은
$$y-9=\frac{2}{3}(x-8)$$
$$\therefore y=\frac{2}{3}x+\frac{11}{3}$$
따라서 $g(x)=\frac{2}{3}x+\frac{11}{3}$이므로
$$g(2)=\frac{4}{3}+\frac{11}{3}=5$$

유형 **11** 극대와 극소, 실근의 개수

기본문제 다지기

본문 065~066쪽

| 01 14 | 02 ⑤ | 03 ② | 04 ③ |
| 05 ⑤ | 06 ③ | 07 2 | 08 6 |

01 $f(x)=x^3-12x$에서
$f'(x)=3x^2-12=3(x^2-4)=3(x+2)(x-2)$
$f'(x)=0$에서 $x=-2$ 또는 $x=2$
함수 $f(x)$의 증가와 감소를 표로 나타내면 다음과 같다.

x	$\cdots$	-2	$\cdots$	2	$\cdots$
$f'(x)$	$+$	0	$-$	0	$+$
$f(x)$	↗	극대	↘	극소	↗

함수 $f(x)$는 $x=-2$에서 극대이므로 극댓값은
$f(-2)=-8+24=16$
따라서 $a=-2$, $b=16$이므로
$a+b=14$

02 $f(x)=x^3-x^2-5x+k$에서
$f'(x)=3x^2-2x-5=(x+1)(3x-5)$
$f'(x)=0$에서 $x=-1$ 또는 $x=\frac{5}{3}$
함수 $f(x)$의 증가와 감소를 표로 나타내면 다음과 같다.

x	$\cdots$	-1	$\cdots$	$\dfrac{5}{3}$	$\cdots$
$f'(x)$	+	0	−	0	+
$f(x)$	↗	극대	↘	극소	↗

함수 $f(x)$는 $x=-1$에서 극대이므로 극댓값은

$f(-1)=-1-1+5+k=20$

$\therefore k=17$

03 $f(x)=\dfrac{ax+1}{x^2-x+1}$ 에서

$f'(x)=\dfrac{a(x^2-x+1)-(ax+1)(2x-1)}{(x^2-x+1)^2}$

$\qquad =\dfrac{-ax^2-2x+a+1}{(x^2-x+1)^2}$

이때 함수 $f(x)$가 $x=2$에서 극솟값 b를 가지므로 $f'(2)=0$, $f(2)=b$이다.

$f'(2)=0$에서 $\dfrac{-3a-3}{3^2}=0$ $\therefore a=-1$

$f(2)=b$에서 $\dfrac{2a+1}{3}=b$ $\therefore b=-\dfrac{1}{3}$

$\therefore a+b=-\dfrac{4}{3}$

04 $f(x)=e^x-x$에서 $f'(x)=e^x-1$

$f'(x)=0$에서 $x=0$

함수 $f(x)$의 증가와 감소를 표로 나타내면 다음과 같다.

x	$\cdots$	0	$\cdots$
$f'(x)$	−	0	+
$f(x)$	↘	극소	↗

함수 $f(x)$는 $x=0$에서 극소이므로 극솟값은

$f(0)=1-0=1$

[다른 풀이]

$f(x)=e^x-x$에서 $f'(x)=e^x-1$, $f''(x)=e^x$

$f'(x)=0$에서 $x=0$

이때 $f''(0)=1>0$이므로 함수 $f(x)$는 $x=0$에서 극소이고, 극솟값은 $f(0)=1-0=1$

05 $f(x)=x(\ln x-1)^2$에서

$f'(x)=(\ln x-1)^2+x\times 2(\ln x-1)\times\dfrac{1}{x}$

$\qquad =(\ln x-1)^2+2(\ln x-1)$

$\qquad =(\ln x-1)(\ln x+1)$

$f'(x)=0$에서 $x=e$ 또는 $x=\dfrac{1}{e}$

함수 $f(x)$의 증가와 감소를 표로 나타내면 다음과 같다.

x	(0)	$\cdots$	$\dfrac{1}{e}$	$\cdots$	e	$\cdots$
$f'(x)$		+	0	−	0	+
$f(x)$		↗	극대	↘	극소	↗

함수 $f(x)$는 $x=\dfrac{1}{e}$에서 극대이고 $x=e$에서 극소이다.

따라서 $\alpha=\dfrac{1}{e}$, $\beta=e$이므로 $\dfrac{\beta}{\alpha}=e^2$

06 $f(x)=x^2e^x$에서

$f'(x)=2xe^x+x^2e^x=xe^x(2+x)$

$f'(x)=0$에서

$x(2+x)=0 \;(\because e^x>0)$

$\therefore x=-2$ 또는 $x=0$

함수 $f(x)$의 증가와 감소를 표로 나타내면 다음과 같다.

x	$\cdots$	-2	$\cdots$	0	$\cdots$
$f'(x)$	+	0	−	0	+
$f(x)$	↗	극대	↘	극소	↗

함수 $f(x)$는 $x=-2$에서 극댓값, $x=0$에서 극솟값을 갖는다.

따라서 $a=-2$, $b=0$이므로

$b-a=0-(-2)=2$

[다른 풀이]

$f(x)=x^2e^x$에서

$f'(x)=2xe^x+x^2e^x=xe^x(2+x)$

$f''(x)=e^x(2+x)+xe^x(2+x)+xe^x$

$\qquad =e^x(x^2+4x+2)$

$f'(x)=0$에서

$x(2+x)=0 \;(\because e^x>0)$

$\therefore x=-2$ 또는 $x=0$

이때 $f''(-2)<0$, $f''(0)>0$이므로 함수 $f(x)$는 $x=-2$에서 극댓값을 갖고 $x=0$에서 극솟값을 갖는다.

따라서 $a=-2$, $b=0$이므로

$b-a=0-(-2)=2$

07 $x+2\cos x=k$에서 $f(x)=x+2\cos x$라 하면

$f'(x)=1-2\sin x$

$f'(x)=0$에서 $\sin x=\dfrac{1}{2}$

$\therefore x=\dfrac{\pi}{6}$ 또는 $x=\dfrac{5\pi}{6}$

함수 $f(x)$의 증가와 감소를 표로 나타내면 다음과 같다.

x	0	$\cdots$	$\dfrac{\pi}{6}$	$\cdots$	$\dfrac{5\pi}{6}$	$\cdots$	2π
$f'(x)$		+	0	−	0	+	
$f(x)$	2	↗	$\dfrac{\pi}{6}+\sqrt{3}$	↘	$\dfrac{5\pi}{6}-\sqrt{3}$	↗	$2\pi+2$

즉, 함수 $y=f(x)$의 그래프는 그림과 같다.

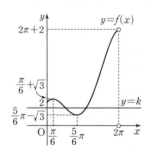

따라서 주어진 방정식이 서로 다른 세 실근을 갖도록 하는 k의 최솟값은 2

08 $\ln x-x+8-n=0$에서

$\ln x-x+8=n$ $\cdots\cdots\;\textcircled{\scriptsize ㉠}$

방정식 ㉠이 서로 다른 두 실근을 가지려면 곡선 $y=\ln x-x+8$ 과 직선 $y=n$이 서로 다른 두 점에서 만나야 한다.

$f(x)=\ln x-x+8$이라 하면 $x>0$이고,

$$f'(x)=\frac{1}{x}-1$$

$f'(x)=0$에서 $\frac{1}{x}=1$ $\quad\therefore x=1$

$x>0$에서 함수 $f(x)$의 증가, 감소를 표로 나타내면 다음과 같다.

x	(0)	$\cdots$	1	$\cdots$
$f'(x)$		$+$	0	$-$
$f(x)$		$\nearrow$	7	$\searrow$

$$\lim_{x\to\infty}(\ln x-x+8)=-\infty,$$

$$\lim_{x\to 0+}(\ln x-x+8)=-\infty$$

이므로 $y=f(x)$의 그래프는 그림과 같다.

따라서 곡선 $y=f(x)$와 직선 $y=n$이 서로 다른 두 점에서 만나려면 $n<7$이므로 자연수 n의 개수는 1, 2, 3, $\cdots$, 6의 6이다.

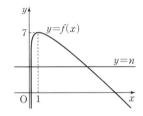

기출문제 맛보기

본문 066~067쪽

09 22	10 ①	11 ④	12 ②
13 ④	14 ①	15 ②	16 ④

09 함수 $f(x)=2x^3-12x^2+ax-4$가 $x=1$에서 극댓값을 가지므로 $f'(1)=0$이다.

$f'(x)=6x^2-24x+a$이므로

$f'(1)=6-24+a=0$

$\therefore a=18$

따라서 $f(x)=2x^3-12x^2+18x-4$이므로

$M=f(1)=2-12+18-4=4$

$\therefore a+M=22$

10 $f(x)=(x^2-2x-7)e^x$에서

$f'(x)=(x^2-2x-7)e^x+(2x-2)e^x$

$\quad=(x^2-9)e^x$

$\quad=(x+3)(x-3)e^x$

$f'(x)=0$에서 $x=-3$ 또는 $x=3$

함수 $f(x)$의 증가와 감소를 표로 나타내면 다음과 같다.

x	$\cdots$	-3	$\cdots$	3	$\cdots$
$f'(x)$	$+$	0	$-$	0	$+$
$f(x)$	$\nearrow$	극대	$\searrow$	극소	$\nearrow$

따라서

$a=f(-3)=8\times e^{-3}$

$b=f(3)=(-4)\times e^3$

이므로

$a\times b=-32$

11 $f'(x)=2x\times e^{-x}+(x^2-3)\times(-e^{-x})$

$\quad=-(x^2-2x-3)e^{-x}$

$\quad=-(x+1)(x-3)e^{-x}$

$f'(x)=0$에서 $x=-1$ 또는 $x=3$

함수 $f(x)$의 증가와 감소를 표로 나타내면 다음과 같다.

x	$\cdots$	-1	$\cdots$	3	$\cdots$
$f'(x)$	$-$	0	$+$	0	$-$
$f(x)$	$\searrow$	극소	$\nearrow$	극대	$\searrow$

즉, 함수 $f(x)$는 $x=-1$에서 극소, $x=3$에서 극대이다.

$\therefore a\times b=f(3)\times f(-1)$

$\quad=6e^{-3}\times(-2e)$

$\quad=-12e^{-2}$

$\quad=-\dfrac{12}{e^2}$

12 $f(x)=(x^2-8)e^{-x+1}$에서

$f'(x)=2xe^{-x+1}+(x^2-8)(-e^{-x+1})$

$\quad=-(x^2-2x-8)e^{-x+1}$

$\quad=-(x+2)(x-4)e^{-x+1}$

$f'(x)=0$에서 $x=-2$ 또는 $x=4$

함수 $f(x)$의 증가와 감소를 표로 나타내면 다음과 같다.

x	$\cdots$	-2	$\cdots$	4	$\cdots$
$f'(x)$	$-$	0	$+$	0	$-$
$f(x)$	$\searrow$	극소	$\nearrow$	극대	$\searrow$

따라서 함수 $f(x)$는 $x=-2$일 때 극소이고, $x=4$일 때 극대이므로

$a=f(-2)=-4e^3$

$b=f(4)=8e^{-3}$

$\therefore ab=(-4e^3)\times 8e^{-3}=-32$

13 $f(x)=\dfrac{1}{2}x^2-a\ln x$에서

$$f'(x)=x-\frac{a}{x}=\frac{x^2-a}{x}$$

$f'(x)=0$에서 $x=\sqrt{a}$ ($\because a>0$, $x>0$)

함수 $f(x)$의 증가와 감소를 표로 나타내면 다음과 같다.

x	(0)	$\cdots$	$\sqrt{a}$	$\cdots$
$f'(x)$		$-$	0	$+$
$f(x)$		$\searrow$	극소	$\nearrow$

함수 $f(x)$는 $x=\sqrt{a}$에서 극소이므로 극솟값은

$f(\sqrt{a})=\dfrac{1}{2}a-a\ln\sqrt{a}$

$\quad=\dfrac{1}{2}a(1-\ln a)=0$

∴ $a=e$

14 $f(x)=e^x(\sin x+\cos x)$에서

$f'(x)=e^x(\sin x+\cos x)+e^x(\cos x-\sin x)$
$\quad=2e^x\cos x$

$f'(x)=0$에서 $x=\dfrac{\pi}{2}$ 또는 $x=\dfrac{3}{2}\pi$ ($\because 0<x<2\pi$)

함수 $f(x)$의 증가와 감소를 표로 나타내면 다음과 같다.

x	(0)	$\cdots$	$\dfrac{\pi}{2}$	$\cdots$	$\dfrac{3}{2}\pi$	$\cdots$	(2π)
$f'(x)$		$+$	0	$-$	0	$+$	
$f(x)$		↗	극대	↘	극소	↗	

함수 $f(x)$는 $x=\dfrac{\pi}{2}$에서 극대이고, $x=\dfrac{3}{2}\pi$에서 극소이므로

$M=f\left(\dfrac{\pi}{2}\right)=e^{\frac{\pi}{2}}$

$m=f\left(\dfrac{3}{2}\pi\right)=-e^{\frac{3}{2}\pi}$

∴ $Mm=-e^{2\pi}$

15 $f(x)=x^2-5x+2\ln x$라 하면

$f'(x)=2x-5+\dfrac{2}{x}$

$\quad=\dfrac{2x^2-5x+2}{x}$

$\quad=\dfrac{(x-2)(2x-1)}{x}$

따라서 함수 $f(x)$의 증가와 감소를 표로 나타내면 다음과 같다.

x	(0)	$\cdots$	$\dfrac{1}{2}$	$\cdots$	2	$\cdots$
$f'(x)$		$+$	0	$-$	0	$+$
$f(x)$		↗	극대	↘	극소	↗

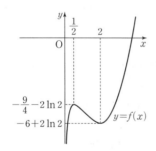

이때 $x^2-5x+2\ln x=t$의 실근의 개수가 2가 되려면

$t=f\left(\dfrac{1}{2}\right)$ 또는 $t=f(2)$이어야 한다.

$f\left(\dfrac{1}{2}\right)=-\dfrac{9}{4}-2\ln 2$, $f(2)=-6+2\ln 2$

이므로 모든 실수 t의 값의 합은

$-\dfrac{9}{4}-2\ln 2-6+2\ln 2=-\dfrac{33}{4}$

16 $e^x=k\sin x$에서 $\dfrac{1}{k}=\dfrac{\sin x}{e^x}$ $\cdots\cdots$ ㉠이므로

$h(x)=\dfrac{\sin x}{e^x}$라 하면

$h'(x)=\dfrac{e^x\cos x-e^x\sin x}{e^{2x}}=\dfrac{\cos x-\sin x}{e^x}$

따라서 $x>0$에서 $h'(x)=0$을 만족시키는 x의 값은

$x=\dfrac{\pi}{4}, \dfrac{5}{4}\pi, \dfrac{9}{4}\pi, \cdots$

이므로 함수 $y=h(x)$의 증가와 감소를 표로 나타내면 다음과 같다.

x	(0)	$\cdots$	$\dfrac{\pi}{4}$	$\cdots$	$\dfrac{5}{4}\pi$	$\cdots$
$h'(x)$	1	$+$	0	$-$	0	$+$
$h(x)$	0	↗	$\dfrac{1}{\sqrt{2e^{\frac{\pi}{4}}}}$	↘	$-\dfrac{1}{\sqrt{2e^{\frac{5}{4}\pi}}}$	↗

x	$\cdots$	$\dfrac{9}{4}\pi$	$\cdots$	$\dfrac{13}{4}\pi$	$\cdots$
$h'(x)$	$+$	0	$-$	0	$+$
$h(x)$	↗	$\dfrac{1}{\sqrt{2e^{\frac{9}{4}\pi}}}$	↘	$-\dfrac{1}{\sqrt{2e^{\frac{13}{4}\pi}}}$	↗

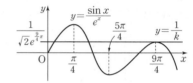

이때 ㉠의 서로 다른 양의 실근의 개수가 3이기 위해서는 그림과 같이 직선 $y=\dfrac{1}{k}$이 $x=\dfrac{9}{4}\pi$에서 곡선 $y=\dfrac{\sin x}{e^x}$와 접해야 하므로

$\dfrac{1}{k}=\dfrac{1}{\sqrt{2e^{\frac{9}{4}\pi}}}$

따라서 $k=\sqrt{2e^{\frac{9}{4}\pi}}$

예상문제 도전하기   본문 067~068쪽

17 ④	**18** ⑤	**19** ③	**20** 17
21 ③	**22** ②	**23** 1	**24** ⑤

17 $f(x)=\dfrac{x+2}{e^x}=(x+2)e^{-x}$에서

$f'(x)=e^{-x}-(x+2)e^{-x}=-(x+1)e^{-x}$

$f'(x)=0$에서 $x=-1$

함수 $f(x)$의 증가와 감소를 표로 나타내면 다음과 같다.

x	$\cdots$	-1	$\cdots$
$f'(x)$	$+$	0	$-$
$f(x)$	↗	극대	↘

함수 $f(x)$는 $x=-1$에서 극대이므로 극댓값은

$f(-1)=\dfrac{1}{e^{-1}}=e$

18 $f(x)=x^2e^{-x}$에서

$f'(x)=2xe^{-x}-x^2e^{-x}=(2x-x^2)e^{-x}=x(2-x)e^{-x}$

$f'(x)=0$에서 $x(2-x)=0$ ($\because e^{-x}>0$)

∴ $x=0$ 또는 $x=2$

함수 $f(x)$의 증가와 감소를 표로 나타내면 다음과 같다.

x	$\cdots$	0	$\cdots$	2	$\cdots$
$f'(x)$	$-$	0	$+$	0	$-$
$f(x)$	↘	극소	↗	극대	↘

함수 $f(x)$는 $x=2$에서 극대이므로 극댓값은

$$f(2)=4e^{-2}=\frac{4}{e^2}$$

따라서 $a=2$, $b=\frac{4}{e^2}$이므로

$$ab=\frac{8}{e^2}$$

19 $f(x)=x\ln x-x$에서

$$f'(x)=\ln x+x\times\frac{1}{x}-1=\ln x$$

$f'(x)=0$에서 $x=1$

함수 $f(x)$의 증가와 감소를 표로 나타내면 다음과 같다.

x	(0)	$\cdots$	1	$\cdots$
$f'(x)$		$-$	0	$+$
$f(x)$		↘	극소	↗

함수 $f(x)$는 $x=1$에서 극소이고, 극솟값은 $f(1)=-1$이다.
따라서 $\alpha=1$, $\beta=-1$이므로
$\alpha+\beta=0$

[다른 풀이]

$f(x)=x\ln x-x$에서

$$f'(x)=\ln x+x\times\frac{1}{x}-1=\ln x,\ f''(x)=\frac{1}{x}$$

$f'(x)=0$에서 $x=1$
이때 $f''(1)=1>0$이므로 함수 $f(x)$는 $x=1$에서 극소이고,
극솟값은 $f(1)=-1$이다.
따라서 $\alpha=1$, $\beta=-1$이므로
$\alpha+\beta=0$

20 $f(x)=2\cos x+\cos 2x$에서

$$\begin{aligned}f'(x)&=-2\sin x-2\sin 2x\\&=-2\sin x-4\sin x\cos x\\&=-2\sin x(1+2\cos x)\end{aligned}$$

$f'(x)=0$에서 $\sin x=0$ 또는 $\cos x=-\frac{1}{2}$

$\therefore x=\frac{2}{3}\pi$ 또는 $x=\pi$ 또는 $x=\frac{4}{3}\pi$

함수 $f(x)$의 증가와 감소를 표로 나타내면 다음과 같다.

x	(0)	$\cdots$	$\frac{2}{3}\pi$	$\cdots$	π	$\cdots$	$\frac{4}{3}\pi$	$\cdots$	(2π)
$f'(x)$		$-$	0	$+$	0	$-$	0	$+$	
$f(x)$		↘	극소	↗	극대	↘	극소	↗	

함수 $f(x)$는 $x=\pi$에서 극대이므로 극댓값은
$f(\pi)=2\cos\pi+\cos 2\pi=-1$

이고, $x=\frac{2}{3}\pi$, $x=\frac{4}{3}\pi$에서 극소이므로 극솟값은

$$f\left(\frac{2}{3}\pi\right)=2\cos\frac{2}{3}\pi+\cos\frac{4}{3}\pi=-\frac{3}{2},$$

$$f\left(\frac{4}{3}\pi\right)=2\cos\frac{4}{3}\pi+\cos\frac{8}{3}\pi=-\frac{3}{2}$$

따라서 $M=-1$, $m=-\frac{3}{2}$이므로

$$M^2+m^2=1+\frac{9}{4}=\frac{13}{4}$$

즉, $p=4$, $q=13$이므로 $p+q=17$

21 $f(x)=xe^x+a$에서
$f'(x)=e^x+xe^x=e^x(x+1)$
$f'(x)=0$에서 $x=-1$
함수 $f(x)$의 증가와 감소를 표로 나타내면 다음과 같다.

x	$\cdots$	-1	$\cdots$
$f'(x)$	$-$	0	$+$
$f(x)$	↘	극소	↗

함수 $f(x)$는 $x=-1$에서 극소이므로 극솟값은
$f(-1)=-e^{-1}+a=0$

$$\therefore a=e^{-1}=\frac{1}{e}$$

22 진수의 조건에서 $x>0$이어야 한다.
즉, 함수 $f(x)$가 극댓값과 극솟값을 모두 가지려면

$$f'(x)=\frac{2}{x}-\frac{a}{x^2}-1=0 \quad\cdots\cdots\ \text{㉠}$$

이 서로 다른 두 양의 실근을 가져야 한다.
㉠의 양변에 x^2을 곱하여 정리하면

$$x^2-2x+a=0 \quad\cdots\cdots\ \text{㉡}$$

방정식 ㉡의 판별식을 D라 하면
(i) $D=4-4a>0$ $\quad\therefore a<1$
(ii) (두 근의 합)$=2>0$
(iii) (두 근의 곱)$=a>0$
(i)~(iii)에서 실수 a의 값의 범위는
$0<a<1$

23 방정식 $x-\sqrt{x-1}-n=0$이 서로 다른 두 실근을 가지려면
$y=x-\sqrt{x-1}$과 $y=n$이 서로 다른 두 점에서 만나면 된다.
$f(x)=x-\sqrt{x-1}$ $(x\geq 1)$이라 하면

$$f'(x)=1-\frac{1}{2\sqrt{x-1}}=\frac{2\sqrt{x-1}-1}{2\sqrt{x-1}}$$이므로

$f'(x)=0$에서 $\sqrt{x-1}=\frac{1}{2}$, 즉 $x=\frac{5}{4}$

함수 $f(x)$의 증가, 감소를 표로 나타내면 다음과 같다.

x	1	$\cdots$	$\frac{5}{4}$	$\cdots$
$f'(x)$		$-$	0	$+$
$f(x)$	1	↘	$\frac{3}{4}$	↗

즉, 함수 $y=f(x)$의 그래프는 그림과 같다.

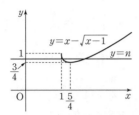

따라서 방정식 $x-\sqrt{x-1}-n=0$이 서로 다른 두 실근을 갖도록 하는 실수 n의 최댓값은 1이다.

24 방정식 $\ln(e^x-4)=3x+a$가 실근을 가지려면 그림과 같이 곡선 $y=\ln(e^x-4)$와 직선 $y=3x+a$가 만나야 한다.

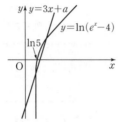

$f(x)=\ln(e^x-4)$,
$g(x)=3x+a$라 하면
$f'(x)=\dfrac{e^x}{e^x-4}$, $g'(x)=3$
곡선 $y=f(x)$와 직선 $y=g(x)$가 접할 때, 접점의 x좌표를 t라 하면
$f(t)=g(t)$에서
$\ln(e^t-4)=3t+a$ ······㉠
$f'(t)=g'(t)$에서
$\dfrac{e^t}{e^t-4}=3$
$e^t=3e^t-12$, $e^t=6$
$\therefore t=\ln 6$
$t=\ln 6$을 ㉠에 대입하면
$\ln 2=3\ln 6+a$
$\therefore a=\ln 2-3\ln 6=-\ln 108$
따라서 방정식 $\ln(e^x-4)=3x+a$가 실근을 가지려면
$a\le-\ln 108$

12 속도와 가속도

기본문제 다지기

본문 071쪽

| 01 ③ | 02 ⑤ | 03 ③ | 04 ④ |
| 05 ③ | 06 ④ | | |

01 $x=3\sin 2t+\cos 3t$에서
$v=\dfrac{dx}{dt}=6\cos 2t-3\sin 3t$
따라서 시각 $t=\dfrac{\pi}{3}$에서의 점 P의 속도는
$6\times\cos\dfrac{2}{3}\pi-3\sin\pi=6\times\left(-\dfrac{1}{2}\right)-0=-3$

02 $x=\sin\left(\pi t-\dfrac{\pi}{3}\right)$에서
$v=\dfrac{dx}{dt}=\pi\cos\left(\pi t-\dfrac{\pi}{3}\right)$
$a=\dfrac{dv}{dt}=-\pi^2\sin\left(\pi t-\dfrac{\pi}{3}\right)$
따라서 $t=1$에서의 점 P의 가속도는
$-\pi^2\sin\dfrac{2}{3}\pi=-\dfrac{\sqrt{3}}{2}\pi^2$

03 $x=2-ae^{-t}$에서
$v=\dfrac{dx}{dt}=ae^{-t}$
$t=2$에서의 점 P의 속도는
$ae^{-2}=\dfrac{a}{e^2}=\dfrac{2}{e^2}$
$\therefore a=2$
따라서 $v=\dfrac{dx}{dt}=2e^{-t}$이므로
$t=1$에서의 점 P의 속도는 $\dfrac{2}{e}$

04 $x=t^3$, $y=2t^2$에서
$\dfrac{dx}{dt}=3t^2$, $\dfrac{dy}{dt}=4t$이므로 점 P의 속도는
$(3t^2, 4t)$
$t=2$일 때, 점 P의 속도는 $(12, 8)$
따라서 $t=2$일 때, 점 P의 속력은
$\sqrt{12^2+8^2}=\sqrt{208}=4\sqrt{13}$

05 $x=t^3-t^2$, $y=t^2+5t$에서
$\dfrac{dx}{dt}=3t^2-2t$, $\dfrac{dy}{dt}=2t+5$이므로 점 P의 속도와 가속도는
$\left(\dfrac{dx}{dt}, \dfrac{dy}{dt}\right)=(3t^2-2t, 2t+5)$
$\left(\dfrac{d^2x}{dt^2}, \dfrac{d^2y}{dt^2}\right)=(6t-2, 2)$
$t=1$에서의 점 P의 가속도는 $(4, 2)$
따라서 $t=1$에서의 점 P의 가속도의 크기는
$\sqrt{4^2+2^2}=\sqrt{20}=2\sqrt{5}$

06 $x=6\sin t$, $y=4\cos t$에서
$\dfrac{dx}{dt}=6\cos t$, $\dfrac{dy}{dt}=-4\sin t$이므로 점 P의 속도와 가속도는
$\left(\dfrac{dx}{dt}, \dfrac{dy}{dt}\right)=(6\cos t, -4\sin t)$
$\left(\dfrac{d^2x}{dt^2}, \dfrac{d^2y}{dt^2}\right)=(-6\sin t, -4\cos t)$
$t=\dfrac{\pi}{4}$에서의 점 P의 가속도는 $(-3\sqrt{2}, -2\sqrt{2})$
따라서 $t=\dfrac{\pi}{4}$에서의 점 P의 가속도의 크기는
$\sqrt{18+8}=\sqrt{26}$

34 짱 쉬운 유형 🐾 미적분

07 ③	08 ⑤	09 ④	10 ③
11 4	12 ②	13 4	

07 $x=t-\dfrac{2}{t}$, $y=2t+\dfrac{1}{t}$ 에서

$\dfrac{dx}{dt}=1+\dfrac{2}{t^2}$, $\dfrac{dy}{dt}=2-\dfrac{1}{t^2}$

이므로 시각 $t=1$에서 점 P의 속도는 $(3, 1)$

따라서 시각 $t=1$에서 점 P의 속력은

$\sqrt{3^2+1^2}=\sqrt{10}$

08 $x=\sqrt{3}\sin t$, $y=2\cos t-5$에서

$\dfrac{dx}{dt}=\sqrt{3}\cos t$, $\dfrac{dy}{dt}=-2\sin t$이므로

점 P의 속도는

$(\sqrt{3}\cos t, -2\sin t)$

$t=\dfrac{\pi}{6}$에서 점 P의 속도는

$\left(\sqrt{3}\cos\dfrac{\pi}{6}, -2\sin\dfrac{\pi}{6}\right)$

즉, $\left(\dfrac{3}{2}, -1\right)$이므로

$a=\dfrac{3}{2}$, $b=-1$

$\therefore a+b=\dfrac{3}{2}+(-1)=\dfrac{1}{2}$

09 $x=3t-\sin t$, $y=4-\cos t$에서

$\dfrac{dx}{dt}=3-\cos t$, $\dfrac{dy}{dt}=\sin t$이므로 점 P의 속도는

$(3-\cos t, \sin t)$

따라서 점 P의 속력은

$\sqrt{(3-\cos t)^2+\sin^2 t}=\sqrt{9-6\cos t+\cos^2 t+\sin^2 t}$

$=\sqrt{10-6\cos t}$

$-1\le\cos t\le1$이므로 $-6\le-6\cos t\le6$

$4\le10-6\cos t\le16$

$\therefore 2\le\sqrt{10-6\cos t}\le4$

따라서 $M=4$, $m=2$이므로

$M+m=6$

10 점 P의 시각 $t\left(0<t<\dfrac{\pi}{2}\right)$에서의 위치 (x, y)가

$x=t+\sin t\cos t$, $y=\tan t$

이므로 점 P의 시각 t에서의 속도는

$\dfrac{dx}{dt}=1+\cos^2 t-\sin^2 t=2\cos^2 t$

$\dfrac{dy}{dt}=\sec^2 t$

점 P의 시각 t에서의 속력은

$\sqrt{\left(\dfrac{dx}{dt}\right)^2+\left(\dfrac{dy}{dt}\right)^2}=\sqrt{(2\cos^2 t)^2+(\sec^2 t)^2}$

$=\sqrt{4\cos^4 t+\sec^4 t}$

$4\cos^4 t>0$, $\sec^4 t>0$이므로

$4\cos^4 t+\sec^4 t\ge2\sqrt{4\cos^4 t\times\sec^4 t}$

$=2\sqrt{4\cos^4 t\times\dfrac{1}{\cos^4 t}}$

$=4$

따라서 $0<t<\dfrac{\pi}{2}$에서 점 P의 속력의 최솟값은 2이다.

11 $\dfrac{dx}{dt}=4\sin 4t$, $\dfrac{dy}{dt}=\cos 4t$이므로

$\left(\dfrac{dx}{dt}\right)^2+\left(\dfrac{dy}{dt}\right)^2=16\sin^2 4t+\cos^2 4t$

$=15\sin^2 4t+1$

따라서 점 P의 속력은 $\sqrt{15\sin^2 4t+1}$이므로 속력이 최대가 되기 위해서는

$\sin^2 4t=1$, 즉 $\cos^2 4t=0$

또한,

$\dfrac{d^2x}{dt^2}=16\cos 4t$, $\dfrac{d^2y}{dt^2}=-4\sin 4t$이므로

$\left(\dfrac{d^2x}{dt^2}\right)^2+\left(\dfrac{d^2y}{dt^2}\right)^2=256\cos^2 4t+16\sin^2 4t$

따라서 점 P의 가속도의 크기는

$\sqrt{256\times0+16\times1}=4$

12 $t=\alpha$에서의 점 P의 속도 (v_1, v_2)는

$(2+\sin\alpha, -\cos\alpha)$

$t=\alpha$에서의 점 P의 가속도 (a_1, a_2)는

$(\cos\alpha, \sin\alpha)$

$v_1a_1+v_2a_2=(2+\sin\alpha)\cos\alpha-\cos\alpha\sin\alpha$

$=2\cos\alpha$

이므로 $2\cos\alpha=1$에서

$\cos\alpha=\dfrac{1}{2}$

$0<\alpha<\pi$이므로

$\alpha=\dfrac{\pi}{3}$

13 $\dfrac{dx}{dt}=e^{2(t-1)}-a$, $\dfrac{dy}{dt}=be^{t-1}$이므로

시각 $t=1$에서의 점 P의 속도는

$(1-a, b)$

따라서 $1-a=-1$, $b=2$이므로 $a=2$, $b=2$

$\therefore a+b=2+2=4$

예상문제 도전하기

본문 073쪽

14 ④	15 ④	16 ③	17 ⑤
18 3	19 ②		

14 $x=3t+2\sin\left(3t+\dfrac{\pi}{3}\right)$에서

$$\frac{dx}{dt}=3+6\cos\left(3t+\frac{\pi}{3}\right)$$

$-1\le\cos\left(3t+\frac{\pi}{3}\right)\le 1$이므로

$$-6\le 6\cos\left(3t+\frac{\pi}{3}\right)\le 6$$

$$-3\le 3+6\cos\left(3t+\frac{\pi}{3}\right)\le 9$$

따라서 속도의 최댓값은 9이다.

15 $x=10t-a\ln(t+1)$에서

$$\frac{dx}{dt}=10-\frac{a}{t+1}$$

$t=1$에서의 속도는

$$10-\frac{a}{2}=6$$

$$\therefore a=8$$

따라서 $\frac{dx}{dt}=10-\frac{8}{t+1}$이므로 $t=3$에서의 점 P의 속도는

$$10-\frac{8}{3+1}=8$$

16 $x=at,\ y=t^2+t$에서

$$\left(\frac{dx}{dt},\ \frac{dy}{dt}\right)=(a,\ 2t+1)$$

$t=1$에서의 점 P의 속도는 $(a,\ 3)$

이므로 $t=1$에서의 점 P의 속력은

$$\sqrt{a^2+9}=3\sqrt{2}$$

$$a^2+9=18$$

$$a^2=9$$

$$\therefore a=3\ (\because a>0)$$

17 $x=3t,\ y=-t^2+4t$에서

$$\frac{dx}{dt}=3,\ \frac{dy}{dt}=-2t+4$$

점 P의 시각 t에서의 속도는

$(3,\ -2t+4)$

점 P의 시각 t에서의 속력은

$$\sqrt{3^2+(-2t+4)^2}=\sqrt{4(t-2)^2+9}$$

따라서 $t=2$일 때 속력이 최소이고, 이때의 점 P의 위치는

$x=3\times 2=6,\ y=-2^2+4\times 2=4$

에서 $(6,\ 4)$이다.

18 $x=1+\sin 2t,\ y=t+\cos 2t$에서

$$\frac{dx}{dt}=2\cos 2t,\ \frac{dy}{dt}=1-2\sin 2t$$

점 P의 시각 t에서의 속력은

$$\sqrt{(2\cos 2t)^2+(1-2\sin 2t)^2}=\sqrt{5-4\sin 2t}$$

$-1\le\sin 2t\le 1$이므로

$$-4\le -4\sin 2t\le 4$$

$$1\le 5-4\sin 2t\le 9$$

$$\therefore 1\le\sqrt{5-4\sin 2t}\le 3$$

따라서 점 P의 속력의 최댓값은 3이다.

19 $x=a\sin t,\ y=\cos t$에서

$$\left(\frac{dx}{dt},\ \frac{dy}{dt}\right)=(a\cos t,\ -\sin t)$$

이므로 점 P의 시각 t에서의 속력은

$$\sqrt{a^2\cos^2 t+\sin^2 t}$$

즉, $t=\frac{\pi}{3}$에서의 점 P의 속력은

$$\sqrt{a^2\times\frac{1}{4}+\frac{3}{4}}$$

$$\sqrt{a^2\times\frac{1}{4}+\frac{3}{4}}=\frac{\sqrt{7}}{2},\ a^2=4$$

$$\therefore a=2\ (\because a>0)$$

$$\left(\frac{dx}{dt},\ \frac{dy}{dt}\right)=(2\cos t,\ -\sin t)$$이므로

점 P의 시각 t에서의 가속도는

$$\left(\frac{d^2x}{dt^2},\ \frac{d^2y}{dt^2}\right)=(-2\sin t,\ -\cos t)$$

따라서 $t=\frac{\pi}{2}$에서의 점 P의 가속도의 크기는

$$\sqrt{\left(-2\sin\frac{\pi}{2}\right)^2+\left(-\cos\frac{\pi}{2}\right)^2}=\sqrt{4+0}=2$$

유형 13 정적분의 계산

기본문제 다지기 본문 075쪽

| 01 ② | 02 ④ | 03 ③ | 04 ② |
| 05 ② | 06 ① | 07 ① | 08 ⑤ |

01 $\displaystyle\int_0^2 (3x^2-2x)\,dx=\Big[x^3-x^2\Big]_0^2$

$$=(2^3-2^2)-0$$

$$=8-4=4$$

02 $\sqrt{x}=x^{\frac{1}{2}}$이므로

$$\int_0^1\sqrt{x}\,dx=\int_0^1 x^{\frac{1}{2}}\,dx$$

$$=\left[\frac{1}{\frac{3}{2}}x^{\frac{3}{2}}\right]_0^1$$

$$=\left[\frac{2}{3}x\sqrt{x}\right]_0^1$$

$$=\frac{2}{3}\times 1-\frac{2}{3}\times 0$$

$$=\frac{2}{3}$$

03
$$\int_0^3 x\sqrt{x}\,dx - \int_2^3 x\sqrt{x}\,dx = \int_0^3 x\sqrt{x}\,dx + \int_3^2 x\sqrt{x}\,dx$$
$$= \int_0^2 x\sqrt{x}\,dx$$
$$= \int_0^2 x^{\frac{3}{2}}\,dx$$
$$= \left[\frac{1}{\frac{5}{2}}x^{\frac{5}{2}}\right]_0^2$$
$$= \left[\frac{2}{5}x^2\sqrt{x}\right]_0^2$$
$$= \frac{2}{5}\times 4\times\sqrt{2} - \frac{2}{5}\times 0$$
$$= \frac{8\sqrt{2}}{5}$$

04 $(\ln x)' = \dfrac{1}{x}$이므로
$$\int_1^e \frac{1}{x}\,dx = \Big[\ln x\Big]_1^e$$
$$= \ln e - \ln 1$$
$$= 1 - 0$$
$$= 1$$

05
$$\int_0^2 e^x\,dx = \Big[e^x\Big]_0^2$$
$$= e^2 - e^0$$
$$= e^2 - 1$$

06
$$\int_0^1 \frac{2}{e^x}\,dx = 2\int_0^1 e^{-x}\,dx$$
$$= 2\Big[-e^{-x}\Big]_0^1$$
$$= 2\{-e^{-1} - (-e^0)\}$$
$$= 2\left(-\frac{1}{e} + 1\right)$$
$$= -\frac{2}{e} + 2$$

07
$$\int_0^1 (e^{2x}+1)\,dx = \left[\frac{1}{2}e^{2x}+x\right]_0^1$$
$$= \left(\frac{1}{2}e^2+1\right) - \frac{1}{2}$$
$$= \frac{e^2+1}{2}$$

08 $(\cos x)' = -\sin x$이므로
$$\int_0^\pi \sin x\,dx = \Big[-\cos x\Big]_0^\pi$$
$$= -\cos\pi - (-\cos 0)$$
$$= 1 + 1$$
$$= 2$$

기출문제 맛보기 본문 076쪽

| 09 6 | 10 ④ | 11 ① | 12 4 |
| 13 ⑤ | 14 ③ | 15 ⑤ | 16 ④ |

09
$$\int_1^{16} \frac{1}{\sqrt{x}}\,dx = \int_1^{16} x^{-\frac{1}{2}}\,dx$$
$$= \left[\frac{1}{\frac{1}{2}}x^{\frac{1}{2}}\right]_1^{16}$$
$$= \Big[2\sqrt{x}\Big]_1^{16} = 8 - 2 = 6$$

10
$$\int_0^{\ln 3} e^{x+3}\,dx = \Big[e^{x+3}\Big]_0^{\ln 3}$$
$$= e^{\ln 3+3} - e^3$$
$$= 3e^3 - e^3$$
$$= 2e^3$$

11
$$\int_0^1 2e^{2x}\,dx = \left[2\times\frac{1}{2}e^{2x}\right]_0^1$$
$$= \Big[e^{2x}\Big]_0^1$$
$$= e^2 - 1$$

12
$$\int_2^4 2e^{2x-4}\,dx = \int_2^4 2e^{2(x-2)}\,dx$$
$$= \left[2\times\frac{1}{2}e^{2(x-2)}\right]_2^4$$
$$= \Big[e^{2(x-2)}\Big]_2^4$$
$$= e^4 - 1$$
따라서 $k = e^4 - 1$이므로
$$\ln(k+1) = \ln e^4 = 4$$

13
$$\int_0^e \frac{5}{x+e}\,dx = \Big[5\ln(x+e)\Big]_0^e$$
$$= 5\ln 2e - 5\ln e$$
$$= 5\ln 2$$

14 $(2x+1)' = 2$이므로
$$\int_0^3 \frac{2}{2x+1}\,dx = \Big[\ln(2x+1)\Big]_0^3$$
$$= \ln 7$$

15
$$\int_0^{\frac{\pi}{2}} 2\sin x\,dx = \Big[-2\cos x\Big]_0^{\frac{\pi}{2}}$$
$$= 0 - (-2) = 2$$

16
$$\int_{-\frac{\pi}{2}}^{\pi} \sin x\,dx = \Big[-\cos x\Big]_{-\frac{\pi}{2}}^{\pi}$$
$$= -\cos\pi + \cos\left(-\frac{\pi}{2}\right)$$
$$= -(-1) + 0$$
$$= 1$$

| 17 ④ | 18 ③ | 19 ① | 20 ② |
| 21 ④ | 22 ③ | 23 ① | 24 ⑤ |

17 $\int_0^1 (x+\sqrt{x})dx = \left[\dfrac{1}{2}x^2 + \dfrac{2}{3}x^{\frac{3}{2}}\right]_0^1$

$\qquad = \left(\dfrac{1}{2}+\dfrac{2}{3}\right)-(0+0)$

$\qquad = \dfrac{7}{6}$

18 $\int_1^e f(x)dx = \int_1^e \left(\dfrac{1}{x}-2\right)dx$

$\qquad = \left[\ln x - 2x\right]_1^e$

$\qquad = (\ln e - 2e)-(\ln 1 - 2)$

$\qquad = 1 - 2e + 2$

$\qquad = 3 - 2e$

19 $\int_1^2 \left(\dfrac{1}{x}+\dfrac{1}{x^2}\right)dx + \int_1^2 \left(\dfrac{1}{x}-\dfrac{1}{x^2}\right)dx$

$\qquad = 2\int_1^2 \dfrac{1}{x}dx$

$\qquad = 2\left[\ln x\right]_1^2$

$\qquad = 2(\ln 2 - 0)$

$\qquad = 2\ln 2$

20 $\int_1^2 \dfrac{(x-1)(x+2)}{x^2}dx$

$\qquad = \int_1^2 \dfrac{x^2+x-2}{x^2}dx$

$\qquad = \int_1^2 \left(1+\dfrac{1}{x}-\dfrac{2}{x^2}\right)dx$

$\qquad = \left[x+\ln x+\dfrac{2}{x}\right]_1^2$

$\qquad = (2+\ln 2 + 1)-(1+0+2)$

$\qquad = \ln 2$

21 $\int_0^3 (e^x+x)dx - \int_2^5 (e^x+x)dx + \int_3^5 (e^x+x)dx$

$\qquad = \int_0^3 (e^x+x)dx + \int_3^5 (e^x+x)dx - \int_2^5 (e^x+x)dx$

$\qquad = \int_0^5 (e^x+x)dx + \int_5^2 (e^x+x)dx$

$\qquad = \int_0^2 (e^x+x)dx$

$\qquad = \left[e^x+\dfrac{1}{2}x^2\right]_0^2$

$\qquad = (e^2+2)-(e^0+0)$

$\qquad = e^2+1$

22 $\int_0^1 \dfrac{e^{2x}}{e^x+1}dx - \int_0^1 \dfrac{1}{e^x+1}dx = \int_0^1 \dfrac{e^{2x}-1}{e^x+1}dx$

$\qquad = \int_0^1 \dfrac{(e^x+1)(e^x-1)}{e^x+1}dx$

$\qquad = \int_0^1 (e^x-1)dx$

$\qquad = \left[e^x-x\right]_0^1$

$\qquad = (e-1)-(e^0-0)$

$\qquad = e-2$

23 $\int_0^1 (x-e^{2x})dx = \left[\dfrac{1}{2}x^2-\dfrac{1}{2}e^{2x}\right]_0^1$

$\qquad = \left(\dfrac{1}{2}-\dfrac{1}{2}e^2\right)-\left(0-\dfrac{1}{2}\right)$

$\qquad = \dfrac{2-e^2}{2}$

24 $f(x)=\sin x$, $g(x)=\cos x$라 하면 $f(x)$는 기함수, $g(x)$는 우함수이므로

$\int_{-\frac{\pi}{2}}^{\frac{\pi}{2}} (\sin x + \cos x)dx = \int_{-\frac{\pi}{2}}^{\frac{\pi}{2}} \cos x\,dx$

$\qquad = 2\int_0^{\frac{\pi}{2}} \cos x\,dx$

$\qquad = 2\left[\sin x\right]_0^{\frac{\pi}{2}}$

$\qquad = 2\left(\sin \dfrac{\pi}{2}-\sin 0\right)$

$\qquad = 2$

14 정적분의 응용

기본문제 다지기

본문 079~080쪽

01 ④	02 ②	03 9	04 3
05 ①	06 ④	07 ②	08 ②
09 ④			

01 $\int_1^x f(t)dt = x^2+3x+a$의 양변에 $x=1$을 대입하면

$\int_1^1 f(t)dt = 1+3+a$

이때 $\int_1^1 f(t)dt = 0$이므로

$0 = 4+a$

$\therefore a = -4$

02 $\int_a^x f(t)dt = e^{2x}+e^x-6$의 양변에 $x=a$를 대입하면

$\int_a^a f(t)dt = e^{2a}+e^a-6$

이때 $\int_a^a f(t)dt=0$이므로

$(e^a)^2+e^a-6=0$

$(e^a+3)(e^a-2)=0$

$\therefore e^a=2 \ (\because e^a+3>0)$

$\therefore a=\ln 2$

03 $f(x)=\int_1^x (10-e^t)dt$의 양변을 x에 대하여 미분하면

$f'(x)=10-e^x$

$\therefore f'(0)=10-e^0=9$

04 $\int_0^x f(t)dt=e^{2x}-ae^x \quad \cdots\cdots \bigcirc$

$\bigcirc$의 양변에 $x=0$을 대입하면

$\int_0^0 f(t)dt=e^0-ae^0$

$0=1-a$

$\therefore a=1$

$\bigcirc$의 양변을 x에 대하여 미분하면

$f(x)=2e^{2x}-ae^x=2e^{2x}-e^x$

$\therefore f'(x)=4e^{2x}-e^x$

$\therefore f'(0)=4-1=3$

05 $f(x)=e^x-1+\int_0^x f(t)dt \quad \cdots\cdots \bigcirc$

$\bigcirc$의 양변에 $x=0$을 대입하면

$f(0)=e^0-1+\int_0^0 f(t)dt$

$\quad\quad\quad =1-1+0=0$

$\bigcirc$의 양변을 x에 대하여 미분하면

$f'(x)=e^x+f(x)$

$\therefore f'(0)=e^0+f(0)=1+0=1$

06 $\lim\limits_{n\to\infty}\dfrac{2}{n}\sum\limits_{k=1}^{n} e^{3+\frac{2k}{n}}=\lim\limits_{n\to\infty}\sum\limits_{k=1}^{n} e^{3+\frac{2k}{n}}\dfrac{2}{n}$

$\quad\quad\quad\quad\quad\quad\quad\quad =\int_3^5 e^x dx$

$\therefore a+b=3+5=8$

07 $\lim\limits_{n\to\infty}\dfrac{2^2}{n^2}\sum\limits_{k=1}^{n} k e^{\frac{2k}{n}}$

$=\lim\limits_{n\to\infty}\sum\limits_{k=1}^{n}\dfrac{2k}{n}e^{\frac{2k}{n}}\dfrac{2}{n}$

$=\int_0^2 x e^x dx$

$f(x)=x, \ g'(x)=e^x$으로 놓으면

$f'(x)=1, \ g(x)=e^x$

$\therefore \int_0^2 x e^x dx=\left[x e^x\right]_0^2-\int_0^2 e^x dx$

$\quad\quad\quad\quad\quad\quad =2e^2-\left[e^x\right]_0^2$

$\quad\quad\quad\quad\quad\quad =2e^2-e^2+1=e^2+1$

08 $\lim\limits_{n\to\infty}\dfrac{1}{n\sqrt{n}}\sum\limits_{k=1}^{n}\sqrt{n+k}$

$=\lim\limits_{n\to\infty}\sum\limits_{k=1}^{n}\left(\sqrt{1+\dfrac{k}{n}}\times\dfrac{1}{n}\right)$

$=\int_0^1 \sqrt{1+x}\,dx$

$=\left[\dfrac{2}{3}(1+x)^{\frac{3}{2}}\right]_0^1$

$=\dfrac{4\sqrt{2}-2}{3}$

[다른 풀이]

$\lim\limits_{n\to\infty}\sum\limits_{k=1}^{n}\left(\sqrt{1+\dfrac{k}{n}}\times\dfrac{1}{n}\right)=\int_1^2 \sqrt{x}\,dx$

$\quad\quad\quad\quad\quad\quad\quad\quad\quad =\left[\dfrac{2}{3}x\sqrt{x}\right]_1^2$

$\quad\quad\quad\quad\quad\quad\quad\quad\quad =\dfrac{4\sqrt{2}-2}{3}$

09 $\lim\limits_{n\to\infty}\sum\limits_{k=1}^{n} f\left(\dfrac{2k}{n}\right)\dfrac{1}{n}$

$=\lim\limits_{n\to\infty}\sum\limits_{k=1}^{n} f\left(\dfrac{2k}{n}\right)\times\dfrac{2}{n}\times\dfrac{1}{2}$

$=\dfrac{1}{2}\int_0^2 f(x)dx=\dfrac{1}{2}\int_0^2 e^x dx$

$=\dfrac{1}{2}\left[e^x\right]_0^2=\dfrac{e^2-1}{2}$

기출문제 맛보기

본문 080~082쪽

10 ③	11 ②	12 ①	13 4
14 242	15 ③	16 ①	17 ②
18 ④	19 12	20 ③	21 ①

10 $F(x)=\int_0^x (t^3-1)dt$의 양변을 x에 대하여 미분하면

$F'(x)=x^3-1$

$\therefore F'(2)=2^3-1=7$

11 $\int_1^x f(t)dt=x^2-a\sqrt{x} \quad \cdots\cdots \bigcirc$

$\bigcirc$에 $x=1$을 대입하면

$0=1-a$에서 $a=1$

또, $\bigcirc$의 양변을 x에 대하여 미분하면

$f(x)=2x-\dfrac{1}{2\sqrt{x}}$

$\therefore f(1)=2-\dfrac{1}{2}=\dfrac{3}{2}$

12 $\int_0^x f(t)dt=e^x+ax+a \quad \cdots\cdots \bigcirc$

$\bigcirc$의 양변에 $x=0$을 대입하면

$\int_0^0 f(t)dt=e^0+0+a$

$0=1+a \quad \therefore a=-1$

$\bigcirc$의 양변을 x에 대하여 미분하면

$$f(x)=e^x+a=e^x-1$$
$$\therefore f(\ln 2)=e^{\ln 2}-1=2-1=1$$

13 $f(x)=\displaystyle\int_0^x (2at+1)dt$ 의 양변을 x에 대하여 미분하면

$f'(x)=2ax+1$

이때 $f'(2)=4a+1=17$이므로

$a=4$

14 $\displaystyle\lim_{n\to\infty}\sum_{k=1}^{n}\frac{2}{n}\left(1+\frac{2k}{n}\right)^4$ 에서

$f(x)=x^4$, $x_k=1+\dfrac{2k}{n}$ 라 하면

$\varDelta x=\dfrac{2}{n}$, $x_0=1$, $x_n=3$

$$\therefore \lim_{n\to\infty}\sum_{k=1}^{n}\frac{2}{n}\left(1+\frac{2k}{n}\right)^4=\lim_{n\to\infty}\sum_{k=1}^{n}f(x_k)\varDelta x$$
$$=\int_1^3 f(x)dx=\int_1^3 x^4 dx$$
$$=\left[\frac{1}{5}x^5\right]_1^3=\frac{1}{5}(3^5-1)$$
$$=\frac{242}{5}$$
$$\therefore 5a=5\times\frac{242}{5}=242$$

15 $\displaystyle\lim_{n\to\infty}\frac{1}{n}\sum_{k=1}^{n}\sqrt{1+\frac{3k}{n}}$

$$=\int_0^1 \sqrt{1+3x}\,dx$$
$$=\left[\frac{2}{9}(1+3x)^{\frac{3}{2}}\right]_0^1$$
$$=\frac{2}{9}(8-1)$$
$$=\frac{14}{9}$$

16 $\displaystyle\lim_{n\to\infty}\frac{1}{n}\sum_{k=1}^{n}\sqrt{\frac{3n}{3n+k}}=\lim_{n\to\infty}\frac{1}{n}\sum_{k=1}^{n}\sqrt{\frac{3}{3+\frac{k}{n}}}$

$$=\int_3^4 \sqrt{\frac{3}{x}}\,dx$$
$$=\sqrt{3}\int_3^4 x^{-\frac{1}{2}}\,dx$$
$$=\sqrt{3}\left[2x^{\frac{1}{2}}\right]_3^4$$
$$=2\sqrt{3}(2-\sqrt{3})=4\sqrt{3}-6$$

17 $\displaystyle\lim_{n\to\infty}\sum_{k=1}^{n}f\left(1+\frac{2k}{n}\right)\frac{2}{n}=\int_1^3 f(x)dx$

$$=\int_1^3 \frac{1}{x}dx$$
$$=\left[\ln x\right]_1^3=\ln 3$$

18 $\displaystyle\lim_{n\to\infty}\sum_{k=1}^{n}\frac{1}{n}f\left(\frac{2k}{n}\right)=\frac{1}{2}\lim_{n\to\infty}\sum_{k=1}^{n}\frac{2}{n}f\left(\frac{2k}{n}\right)$

$$=\frac{1}{2}\int_0^2 f(x)dx$$
$$=\frac{1}{2}\int_0^2 (4x^3+x)dx$$
$$=\frac{1}{2}\left[x^4+\frac{1}{2}x^2\right]_0^2$$
$$=\frac{1}{2}\times 18=9$$

19 $\displaystyle\lim_{n\to\infty}\frac{1}{n}\sum_{k=1}^{n}f\left(\frac{3k}{n}\right)=\frac{1}{3}\lim_{n\to\infty}\sum_{k=1}^{n}f\left(\frac{3k}{n}\right)\frac{3}{n}$

$$=\frac{1}{3}\int_0^3 f(x)dx$$
$$=\frac{1}{3}\int_0^3 (3x^2-ax)dx$$
$$=\frac{1}{3}\left[x^3-\frac{a}{2}x^2\right]_0^3$$
$$=9-\frac{3}{2}a$$

$f(x)=3x^2-ax$에서 $f(1)=3-a$이므로

$9-\dfrac{3}{2}a=3-a$

$\therefore a=12$

20 $\displaystyle\lim_{n\to\infty}\sum_{k=1}^{n}\frac{k^2+2kn}{k^3+3k^2n+n^3}$

$$=\lim_{n\to\infty}\sum_{k=1}^{n}\left\{\frac{\left(\frac{k}{n}\right)^2+2\times\frac{k}{n}}{\left(\frac{k}{n}\right)^3+3\times\left(\frac{k}{n}\right)^2+1}\times\frac{1}{n}\right\}$$
$$=\int_0^1 \frac{x^2+2x}{x^3+3x^2+1}dx$$
$$=\left[\frac{1}{3}\ln(x^3+3x^2+1)\right]_0^1$$
$$=\frac{1}{3}(\ln 5-\ln 1)$$
$$=\frac{\ln 5}{3}$$

21 $\displaystyle\lim_{n\to\infty}\sum_{k=1}^{n}\frac{1}{n+k}f\left(\frac{k}{n}\right)$

$$=\lim_{n\to\infty}\sum_{k=1}^{n}\frac{1}{\frac{n+k}{n}}f\left(\frac{k}{n}\right)\frac{1}{n}$$
$$=\lim_{n\to\infty}\sum_{k=1}^{n}\frac{1}{1+\frac{k}{n}}f\left(\frac{k}{n}\right)\frac{1}{n} \quad\cdots\cdots \text{㉠}$$

이때 $g(x)=\dfrac{1}{1+x}f(x)$ 라 하면

㉠에서

$$\lim_{n\to\infty}\sum_{k=1}^{n}\frac{1}{1+\frac{k}{n}}f\left(\frac{k}{n}\right)\frac{1}{n}=\lim_{n\to\infty}\sum_{k=1}^{n}g\left(\frac{k}{n}\right)\frac{1}{n}$$
$$=\int_0^1 g(x)dx$$
$$=\int_0^1 \frac{1}{1+x}f(x)dx$$

$$=\int_0^1 \frac{4x^4+4x^3}{1+x}dx$$

$$=\int_0^1 \frac{4x^3(x+1)}{1+x}dx$$

$$=\int_0^1 4x^3 dx$$

$$=\Big[x^4\Big]_0^1=1$$

[참고] 정적분과 급수의 관계

$$\lim_{n\to\infty}\sum_{k=1}^{n} g\Big(a+\frac{b-a}{n}k\Big)\frac{b-a}{n}=\int_a^b g(x)dx$$

예상문제 도전하기

본문 082~083쪽

22 ④	23 ③	24 ①	25 ④
26 ⑤	27 ⑤	28 ⑤	29 ③
30 ②	31 ③		

22 $\int_0^x t f(t)dt=x^2 e^x$의 양변을 x에 대하여 미분하면

$$xf(x)=2xe^x+x^2e^x$$

$$\therefore f(x)=2e^x+xe^x$$

이때 $f'(x)=2e^x+e^x+xe^x=3e^x+xe^x$이므로

$$f'(0)=3+0=3$$

23 $\int_0^x f(t)dt=-2x^3+4x$의 양변을 x에 대하여 미분하면

$$f(x)=-6x^2+4$$

이때 $f'(x)=-12x$이므로

$$f'(1)=-12$$

$$\therefore \lim_{h\to 0}\frac{f(1+2h)-f(1)}{h}=\lim_{h\to 0}\frac{f(1+2h)-f(1)}{2h}\times 2$$

$$=2f'(1)$$

$$=2\times(-12)$$

$$=-24$$

24 $\int_0^x f(t)dt=\cos 2x+ax^2+a$ ······ ㉠

㉠의 양변에 $x=0$을 대입하면

$$\int_0^0 f(t)dt=\cos 0+0+a$$

$$0=1+a$$

$$\therefore a=-1$$

㉠의 양변을 x에 대하여 미분하면

$$f(x)=-2\sin 2x+2ax$$

$$=-2\sin 2x-2x$$

$$\therefore f\Big(\frac{\pi}{2}\Big)=0-\pi=-\pi$$

25 $xf(x)=e^x+\int_1^x f(t)dt$ ······ ㉠

㉠의 양변을 x에 대하여 미분하면

$$f(x)+xf'(x)=e^x+f(x)$$

$$\therefore xf'(x)=e^x$$

위의 식의 양변에 $x=1$을 대입하면

$$f'(1)=e$$

26 $\int_1^x f(t)dt=e^{2x}+x-e^2+a$ ······ ㉠

㉠의 양변에 $x=1$을 대입하면

$$\int_1^1 f(t)dt=e^2+1-e^2+a$$

$$0=1+a$$

$$\therefore a=-1$$

㉠의 양변을 x에 대하여 미분하면

$$f(x)=2e^{2x}+1$$

$$\therefore f(1)=2e^2+1$$

$$\therefore a+f(1)=-1+2e^2+1=2e^2$$

27 $\int_0^x f(t)dt=e^{2x}+ae^x$ ······ ㉠

㉠의 양변에 $x=0$을 대입하면

$$\int_0^0 f(t)dt=e^0+ae^0$$

$$0=1+a$$

$$\therefore a=-1$$

㉠의 양변을 x에 대하여 미분하면

$$f(x)=2e^{2x}+ae^x=2e^{2x}-e^x$$

$$\therefore f(\ln 2)=2e^{2\ln 2}-e^{\ln 2}$$

$$=2e^{\ln 4}-e^{\ln 2}$$

$$=2\times 4-2=6$$

28 $\lim_{n\to\infty}\frac{2}{n}\sum_{k=1}^{n} e^{2+\frac{k}{n}}=2\lim_{n\to\infty}\sum_{k=1}^{n} e^{2+\frac{k}{n}}\frac{1}{n}$

$$=2\int_0^1 e^{2+x}dx=2\Big[e^{2+x}\Big]_0^1$$

$$=2(e^3-e^2)=2e^2(e-1)$$

29 $\lim_{n\to\infty}\sum_{k=1}^{n}\frac{1}{n+k}$

$$=\lim_{n\to\infty}\sum_{k=1}^{n}\frac{1}{1+\frac{k}{n}}\times\frac{1}{n}$$

$$=\int_0^1 \frac{1}{1+x}dx$$

$$=\Big[\ln|1+x|\Big]_0^1=\ln 2$$

30 $\lim_{n\to\infty}\frac{1}{n^2}\sum_{k=1}^{n} k\sin\frac{k}{n}\pi=\lim_{n\to\infty}\sum_{k=1}^{n}\frac{k}{n}\sin\frac{k}{n}\pi\frac{1}{n}$

$$=\int_0^1 x\sin\pi x\,dx$$

$f(x)=x$, $g'(x)=\sin\pi x$로 놓으면

$$f'(x)=1, g(x)=-\frac{1}{\pi}\cos\pi x$$

$$\therefore \int_0^1 x\sin\pi x\,dx$$

$$= \left[-\frac{x}{\pi}\cos\pi x \right]_0^1 - \int_0^1 \left(-\frac{1}{\pi}\cos\pi x \right)dx$$

$$= \frac{1}{\pi} + \frac{1}{\pi}\left[\frac{1}{\pi}\sin\pi x \right]_0^1$$

$$= \frac{1}{\pi}$$

31 $\lim\limits_{n\to\infty} \dfrac{1}{n}\left\{ \dfrac{e^{\left(\frac{1}{n}\right)^2}}{n} + \dfrac{2e^{\left(\frac{2}{n}\right)^2}}{n} + \dfrac{3e^{\left(\frac{3}{n}\right)^2}}{n} + \cdots + \dfrac{ne^{\left(\frac{n}{n}\right)^2}}{n} \right\}$

$$= \lim_{n\to\infty}\sum_{k=1}^n \frac{k}{n}e^{\left(\frac{k}{n}\right)^2}\frac{1}{n}$$

$$= \int_0^1 xe^{x^2}dx$$

$x^2=t$로 놓으면 $2x=\dfrac{dt}{dx}$이고,

$x=0$일 때 $t=0$, $x=1$일 때 $t=1$이므로

$$\int_0^1 xe^{x^2}dx = \frac{1}{2}\int_0^1 e^t\,dt = \frac{1}{2}\left[e^t \right]_0^1 = \frac{1}{2}(e-1)$$

---

15 치환적분법과 부분적분법

기본문제 다지기

본문 085~086쪽

01 ④	02 ②	03 ④	04 ③
05 20	06 ③	07 ①	08 ③
09 ②			

01 $2x=t$로 놓으면 $2dx=dt$이고,

$x=0$일 때 $t=0$, $x=2$일 때 $t=4$

$$\therefore \int_0^2 f(2x)dx = \int_0^4 f(t)\cdot\frac{1}{2}dt$$

$$= \frac{1}{2}\int_0^4 f(t)dt$$

02 $\cos x=t$로 놓으면 $-\sin x\,dx=dt$이므로

$$\int \sin x\cos^2 x\,dx = \int -\cos^2 x\cdot(-\sin x)dx$$

$$= \int \boxed{-t^2}dt$$

$$= -\frac{t^3}{3}+C$$

$$= -\frac{\cos^3 x}{3}+C \text{ (단, } C\text{는 적분상수)}$$

03 $\cos x=t$로 놓으면 $-\sin x\,dx=dt$이고,

$x=0$일 때 $t=1$, $x=\dfrac{\pi}{3}$일 때 $t=\dfrac{1}{2}$

$$\therefore \int_0^{\frac{\pi}{3}}(1-\cos^2 x)\sin x\,dx = -\int_0^{\frac{\pi}{3}}(1-\cos^2 x)(-\sin x)dx$$

$$= -\int_1^{\frac{1}{2}}(1-t^2)dt$$

$$= \int_{\frac{1}{2}}^1 (1-t^2)dt$$

$$= \left[t-\frac{1}{3}t^3 \right]_{\frac{1}{2}}^1$$

$$= \frac{2}{3} - \frac{11}{24}$$

$$= \frac{5}{24}$$

04 $\ln 2x=t$로 놓으면 $\dfrac{1}{2x}\cdot 2dx=dt$

$$\therefore \frac{1}{x}dx=dt$$

또한, $x=\dfrac{1}{2}$일 때 $t=0$이고, $x=\dfrac{e^2}{2}$일 때 $t=2$

$$\therefore \int_{\frac{1}{2}}^{\frac{e^2}{2}} \frac{(\ln 2x)^2}{x}dx = \boxed{\int_0^2 t^2 dt}$$

05 $\ln x=t$로 놓으면 $\dfrac{1}{x}dx=dt$이고,

$x=e$일 때 $t=1$, $x=e^3$일 때 $t=3$

$$\therefore \int_e^{e^3} \frac{(\ln x)^3}{x}dx = \int_1^3 t^3 dt$$

$$= \left[\frac{t^4}{4} \right]_1^3$$

$$= \frac{81}{4} - \frac{1}{4} = 20$$

06 $1+x^2=t$로 놓으면 $2x\,dx=dt$이고,

$x=1$일 때 $t=2$, $x=\sqrt{7}$일 때 $t=8$

$$\therefore \int_1^{\sqrt{7}} \frac{x}{1+x^2}dx = \frac{1}{2}\int_2^8 \frac{1}{t}dt$$

$$= \frac{1}{2}\left[\ln|t| \right]_2^8$$

$$= \frac{1}{2}(\ln 8 - \ln 2)$$

$$= \frac{1}{2}\ln 4 = \ln 2$$

[다른 풀이]

$$\int_1^{\sqrt{7}} \frac{x}{1+x^2}dx = \frac{1}{2}\int_1^{\sqrt{7}} \frac{2x}{1+x^2}dx$$

$$= \frac{1}{2}\int_1^{\sqrt{7}} \frac{(1+x^2)'}{1+x^2}dx$$

$$= \frac{1}{2}\left[\ln|1+x^2| \right]_1^{\sqrt{7}}$$

$$= \frac{1}{2}(\ln 8 - \ln 2) = \ln 2$$

07 $f(x)=x$, $g'(x)=e^x$으로 놓으면

$f'(x)=1$, $g(x)=e^x$

$$\therefore \int_0^1 xe^x dx = \left[xe^x \right]_0^1 - \int_0^1 e^x dx$$

$$= \left[xe^x \right]_0^1 - \left[e^x \right]_0^1$$

$$= (e-0) - (e-e^0)$$

$$= 1$$

08 $f(x)=x,\ g'(x)=\cos x$로 놓으면

$f'(x)=1,\ g(x)=\sin x$

$\therefore \displaystyle\int_0^{\frac{\pi}{2}} x\cos x\,dx = \left[x\sin x\right]_0^{\frac{\pi}{2}} - \int_0^{\frac{\pi}{2}} \sin x\,dx$

$= \left[x\sin x\right]_0^{\frac{\pi}{2}} - \left[-\cos x\right]_0^{\frac{\pi}{2}}$

$= \dfrac{\pi}{2} - 1$

09 $\displaystyle\int_1^2 \ln x^2\,dx = 2\int_1^2 \ln x\,dx$

이때 $f(x)=\ln x,\ g'(x)=1$로 놓으면

$f'(x)=\dfrac{1}{x},\ g(x)=x$

$\therefore 2\displaystyle\int_1^2 \ln x\,dx = 2\left[\ln x \times x\right]_1^2 - 2\int_1^2 \dfrac{1}{x}\times x\,dx$

$= 2\left[x\ln x\right]_1^2 - 2\left[x\right]_1^2$

$= 2(2\ln 2 - 0) - 2(2-1)$

$= 4\ln 2 - 2$

기출문제 맛보기

본문 086~088쪽

10 ④	11 ①	12 ②	13 ②
14 1.25	15 3	16 ①	17 2
18 ②	19 ②	20 ③	21 ⑤
22 ⑤	23 ④		

---

10 $\ln x=t$로 놓으면 $\dfrac{1}{x}dx=dt$이고,

$x=e$일 때 $t=1$, $x=e^3$일 때 $t=3$

$\therefore \displaystyle\int_e^{e^3} \dfrac{\ln x}{x}\,dx = \int_1^3 t\,dt$

$= \left[\dfrac{1}{2}t^2\right]_1^3$

$= \dfrac{9}{2} - \dfrac{1}{2} = 4$

11 $\ln x=t$로 놓으면 $\dfrac{1}{x}=\dfrac{dt}{dx}$이고,

$x=1$일 때 $t=0$, $x=e$일 때 $t=1$

$\therefore \displaystyle\int_1^e \dfrac{3(\ln x)^2}{x}\,dx = \int_0^1 3t^2\,dt$

$= \left[t^3\right]_0^1 = 1$

12 $f'(x)=1+\dfrac{1}{x}$이므로

$\displaystyle\int_1^e \left(1+\dfrac{1}{x}\right)f(x)\,dx = \int_1^e f'(x)f(x)\,dx$

$= \left[\dfrac{1}{2}\{f(x)\}^2\right]_1^e$

$= \dfrac{1}{2}\{f(e)\}^2 - \dfrac{1}{2}\{f(1)\}^2$

$= \dfrac{1}{2}(e+1)^2 - \dfrac{1}{2}(1+0)^2$

$= \dfrac{e^2}{2} + e$

13 $x^2-1=t$로 놓으면 $2x=\dfrac{dt}{dx}$이고,

$x=1$일 때 $t=0$, $x=\sqrt{2}$일 때 $t=1$이므로

$\displaystyle\int_1^{\sqrt{2}} x^3\sqrt{x^2-1}\,dx = \int_0^1 \dfrac{1}{2}(t+1)\sqrt{t}\,dt$

$= \dfrac{1}{2}\displaystyle\int_0^1 \left(t^{\frac{3}{2}}+t^{\frac{1}{2}}\right)dt$

$= \dfrac{1}{2}\left[\dfrac{2}{5}t^{\frac{5}{2}} + \dfrac{2}{3}t^{\frac{3}{2}}\right]_0^1$

$= \dfrac{1}{2}\left(\dfrac{2}{5} + \dfrac{2}{3}\right)$

$= \dfrac{1}{2} \times \dfrac{16}{15}$

$= \dfrac{8}{15}$

14 $\sin x=t$로 놓으면 $\cos x\,dx=dt$이고,

$x=0$일 때 $t=0$, $x=\dfrac{\pi}{2}$일 때 $t=1$

$\therefore \displaystyle\int_0^{\frac{\pi}{2}} (\sin^3 x+1)\cos x\,dx = \int_0^1 (t^3+1)\,dt$

$= \left[\dfrac{t^4}{4}+t\right]_0^1$

$= \dfrac{1}{4} + 1$

$= \dfrac{5}{4} = 1.25$

15 $\displaystyle\int_0^{\frac{\pi}{2}} (\cos x + 3\cos^3 x)\,dx$

$= \displaystyle\int_0^{\frac{\pi}{2}} \cos x(1+3\cos^2 x)\,dx$

$= \displaystyle\int_0^{\frac{\pi}{2}} \cos x\{1+3(1-\sin^2 x)\}\,dx$

$= \displaystyle\int_0^{\frac{\pi}{2}} \cos x(4-3\sin^2 x)\,dx$ ······ ㉠

㉠에서 $\sin x=t$로 놓으면 $\cos x=\dfrac{dt}{dx}$이고

$x=0$일 때 $t=0$, $x=\dfrac{\pi}{2}$일 때 $t=1$

$\therefore \displaystyle\int_0^{\frac{\pi}{2}} \cos x(4-3\sin^2 x)\,dx$

$= \displaystyle\int_0^1 (4-3t^2)\,dt$

$= \left[4t-t^3\right]_0^1$

$= 3$

16 $f(x)=x-1,\ g'(x)=e^{-x}$로 놓으면

$f'(x)=1,\ g(x)=-e^{-x}$

$$\therefore \int_1^2 (x-1)e^{-x}dx = \left[-(x-1)e^{-x} \right]_1^2 - \int_1^2 (-e^{-x})dx$$
$$= -e^{-2} + \int_1^2 e^{-x}dx$$
$$= -e^{-2} + \left[-e^{-x} \right]_1^2$$
$$= -e^{-2} - e^{-2} + e^{-1}$$
$$= \frac{1}{e} - \frac{2}{e^2}$$

17 $\cos(\pi-x) = -\cos x$이므로

$$\int_0^\pi x\cos(\pi-x)dx = \int_0^\pi x(-\cos x)dx$$

이때

$f(x) = x,\ g'(x) = -\cos x$로 놓으면

$f'(x) = 1,\ g(x) = -\sin x$

$$\int_0^\pi x\cos(\pi-x)dx = \int_0^\pi x(-\cos x)dx$$
$$= \left[x(-\sin x) \right]_0^\pi + \int_0^\pi \sin x\,dx$$
$$= \left[-\cos x \right]_0^\pi$$
$$= -\cos\pi + \cos 0 = 2$$

18 부분적분법에 의해

$$\int_1^e x^3 \ln x\,dx = \left[\frac{x^4}{4}\ln x \right]_1^e - \int_1^e \left(\frac{x^4}{4} \times \frac{1}{x} \right)dx$$
$$= \left(\frac{e^4}{4}\ln e - \frac{1}{4}\ln 1 \right) - \left[\frac{x^4}{16} \right]_1^e$$
$$= \frac{e^4}{4} - 0 - \left(\frac{e^4}{16} - \frac{1}{16} \right)$$
$$= \frac{3e^4+1}{16}$$

19 $$\int_1^e \ln \frac{x}{e}dx = \int_1^e (\ln x - 1)dx$$
$$= \left[x\ln x - x - x \right]_1^e$$
$$= (e-2e) - (0-2)$$
$$= 2-e$$

20 $$\int_2^6 \ln(x-1)dx = \int_1^5 \ln x\,dx$$

이때 $f(x) = \ln x,\ g'(x) = 1$로 놓으면

$f'(x) = \frac{1}{x},\ g(x) = x$이므로

$$\int_1^5 \ln x\,dx = \left[x\ln x - x \right]_1^5$$
$$= (5\ln 5 - 5) - (-1)$$
$$= 5\ln 5 - 4$$

21 $\int_1^e x(1-\ln x)dx$에서 $f(x) = 1-\ln x,\ g'(x) = x$

로 놓으면 $f'(x) = -\frac{1}{x},\ g(x) = \frac{1}{2}x^2$이므로

$$\int_1^e x(1-\ln x)dx$$

$$= \left[(1-\ln x) \times \frac{1}{2}x^2 \right]_1^e - \int_1^e \left(-\frac{1}{x} \times \frac{1}{2}x^2 \right)dx$$
$$= -\frac{1}{2} + \int_1^e \frac{1}{2}x\,dx$$
$$= -\frac{1}{2} + \left[\frac{1}{4}x^2 \right]_1^e$$
$$= -\frac{1}{2} + \frac{1}{4}(e^2-1)$$
$$= \frac{1}{4}(e^2-3)$$

22 $\int_e^{e^2} \frac{\ln x - 1}{x^2}dx$에서

$f(x) = \ln x - 1,\ g'(x) = \frac{1}{x^2}$로 놓으면

$f'(x) = \frac{1}{x},\ g(x) = -\frac{1}{x}$이므로

$$\int_e^{e^2} \frac{\ln x - 1}{x^2}dx$$
$$= \left[-\frac{\ln x - 1}{x} \right]_e^{e^2} + \int_e^{e^2} \frac{1}{x^2}dx$$
$$= \left[-\frac{\ln x - 1}{x} \right]_e^{e^2} + \left[-\frac{1}{x} \right]_e^{e^2}$$
$$= -\frac{1}{e^2} + \left(-\frac{1}{e^2} + \frac{1}{e} \right) = \frac{e-2}{e^2}$$

23 함수 $g(x)$의 정의역이 양의 실수 전체의 집합이고 그 역함수 $f(x)$의 치역은 양의 실수 전체의 집합이다.

즉, 모든 양의 양수 x에 대하여

$f(x) > 0$ ······ ㉠

이다.

모든 양수 x에 대하여 $g(f(x)) = x$이므로

양변을 x에 대하여 미분하면

$g'(f(x))f'(x) = 1$

따라서

$$\int_1^a \frac{1}{g'(f(x))f(x)}dx = \int_1^a \frac{f'(x)}{f(x)}dx = \left[\ln|f(x)| \right]_1^a$$
$$= \ln f(a) - \ln f(1)\ (\because ㉠)$$
$$= \ln f(a) - \ln 8$$
$$= \ln f(a) - 3\ln 2$$

이므로

$\ln f(a) - 3\ln 2 = 2\ln a + \ln(a+1) - \ln 2$에서

$\ln f(a) = 2\ln a + \ln(a+1) + 2\ln 2$
$$= \ln a^2 + \ln(a+1) + \ln 2^2$$
$$= \ln 4a^2(a+1)$$

즉, $f(a) = 4a^2(a+1)$이므로

$f(2) = 4 \times 2^2 \times (2+1) = 48$

예상문제 도전하기   본문 088~089쪽

24 ②	25 ②	26 ③	27 32
28 ⑤	29 ②	30 ①	31 ③
32 ⑤	33 ⑤		

24 $x^3=t$로 놓으면 $3x^2\,dx=dt$이고,

$x=0$일 때 $t=0$, $x=2$일 때 $t=8$

$\therefore \int_0^2 x^2 e^{x^3}\,dx=\frac{1}{3}\int_0^8 e^t\,dt$

$\qquad =\frac{1}{3}\Big[e^t\Big]_0^8$

$\qquad =\frac{1}{3}(e^8-1)$

25 $\sin x=t$로 놓으면 $\cos x\,dx=dt$이고,

$x=0$일 때 $t=0$, $x=\frac{\pi}{2}$일 때 $t=1$

$\therefore \int_0^{\frac{\pi}{2}}(\sin^2 x-1)\cos x\,dx$

$\qquad =\int_0^1 (t^2-1)\,dt$

$\qquad =\Big[\frac{t^3}{3}-t\Big]_0^1$

$\qquad =\Big(\frac{1}{3}-1\Big)-0$

$\qquad =-\frac{2}{3}$

26 $1+\cos x=t$로 놓으면 $-\sin x\,dx=dt$이고,

$x=0$일 때 $t=2$, $x=\frac{\pi}{2}$일 때 $t=1$

$\therefore \int_0^{\frac{\pi}{2}}\frac{\sin x}{1+\cos x}\,dx=\int_2^1 \frac{-1}{t}\,dt$

$\qquad =\int_1^2 \frac{1}{t}\,dt$

$\qquad =\Big[\ln t\Big]_1^2=\ln 2$

27 $1+\ln x=t$로 놓으면 $\frac{1}{x}\,dx=dt$이고,

$x=1$일 때 $t=1$, $x=e$일 때 $t=2$

$\therefore \int_1^e \frac{8^2}{x(1+\ln x)^2}\,dx=64\int_1^2 \frac{1}{t^2}\,dt$

$\qquad =64\Big[-\frac{1}{t}\Big]_1^2$

$\qquad =64\Big(-\frac{1}{2}+1\Big)$

$\qquad =32$

28 $\ln(2x+1)=t$로 놓으면

$\frac{2}{2x+1}\,dx=dt$

$\therefore \frac{1}{2x+1}\,dx=\frac{1}{2}\,dt$

또한, $x=0$일 때 $t=0$, $x=1$일 때 $t=\ln 3$

$\therefore \int_0^1 \frac{\ln(2x+1)}{2x+1}\,dx=\int_0^{\ln 3} t\cdot\frac{1}{2}\,dt$

$\qquad =\int_0^{\ln 3}\frac{1}{2}t\,dt$

$\qquad =\Big[\frac{t^2}{4}\Big]_0^{\ln 3}$

$\qquad =\frac{(\ln 3)^2}{4}$

29 $(x^2+ex+e^2)'=2x+e$이므로

$\int_0^e \frac{2x+e}{x^2+ex+e^2}\,dx=\int_0^e \frac{(x^2+ex+e^2)'}{x^2+ex+e^2}\,dx$

$\qquad =\Big[\ln|x^2+ex+e^2|\Big]_0^e$

$\qquad =\ln 3e^2-\ln e^2$

$\qquad =\ln 3+\ln e^2-\ln e^2$

$\qquad =\ln 3$

30 $f(x)=x$, $g'(x)=\sin 2x$로 놓으면

$f'(x)=1$, $g(x)=-\frac{1}{2}\cos 2x$

$\therefore \int_0^{\frac{\pi}{4}} x\sin 2x\,dx=\Big[-\frac{1}{2}x\cos 2x\Big]_0^{\frac{\pi}{4}}+\frac{1}{2}\int_0^{\frac{\pi}{4}}\cos 2x\,dx$

$\qquad =\Big[-\frac{1}{2}x\cos 2x\Big]_0^{\frac{\pi}{4}}+\Big[\frac{1}{4}\sin 2x\Big]_0^{\frac{\pi}{4}}$

$\qquad =0+\frac{1}{4}=\frac{1}{4}$

31 $f(x)=2x+1$, $g'(x)=e^{2x}$으로 놓으면

$f'(x)=2$, $g(x)=\frac{1}{2}e^{2x}$

$\therefore \int_0^1 (2x+1)e^{2x}\,dx=\Big[\frac{2x+1}{2}e^{2x}\Big]_0^1-\int_0^1 e^{2x}\,dx$

$\qquad =\Big[\frac{2x+1}{2}e^{2x}\Big]_0^1-\Big[\frac{1}{2}e^{2x}\Big]_0^1$

$\qquad =\Big(\frac{3}{2}e^2-\frac{1}{2}\Big)-\Big(\frac{1}{2}e^2-\frac{1}{2}\Big)$

$\qquad =e^2$

32 $\int_0^1 \frac{x}{e^x}\,dx=\int_0^1 xe^{-x}\,dx$에서 $f(x)=x$, $g'(x)=e^{-x}$으로 놓으면

$f'(x)=1$, $g(x)=-e^{-x}$이므로

$\int_0^1 \frac{x}{e^x}\,dx=\Big[-xe^{-x}\Big]_0^1-\int_0^1 (-e^{-x})\,dx$

$\qquad =(-e^{-1}-0)-\Big[e^{-x}\Big]_0^1$

$\qquad =-\frac{1}{e}-\Big(\frac{1}{e}-1\Big)$

$\qquad =\frac{e-2}{e}$

33 $\int_2^4 f(x)\,dx-\int_3^4 f(x)\,dx+\int_1^2 f(x)\,dx$

$=\int_1^2 f(x)\,dx+\int_2^4 f(x)\,dx-\int_3^4 f(x)\,dx$

$=\int_1^4 f(x)\,dx-\int_3^4 f(x)\,dx$

$=\int_1^4 f(x)\,dx+\int_4^3 f(x)\,dx$

$=\int_1^3 f(x)\,dx=\int_1^3 2x\ln x\,dx$

이때 $g(x)=\ln x$, $h'(x)=2x$로 놓으면

$g'(x)=\frac{1}{x}$, $h(x)=x^2$

$$\therefore \int_1^3 2x \ln x\, dx = \left[x^2 \ln x\right]_1^3 - \int_1^3 x^2 \times \frac{1}{x}\, dx$$

$$= \left[x^2 \ln x\right]_1^3 - \int_1^3 x\, dx$$

$$= \left[x^2 \ln x\right]_1^3 - \left[\frac{x^2}{2}\right]_1^3 = 9\ln 3 - 4$$

16 넓이

기본문제 다지기

본문 091쪽

| 01 ③ | 02 ② | 03 ② | 04 ③ |
| 05 ① | 06 ① | 07 ④ | 08 ② |

01 그림에서 구하는 넓이는

$$\int_{-1}^1 e^x\, dx = \left[e^x\right]_{-1}^1 = e - e^{-1}$$

$$= e - \frac{1}{e}$$

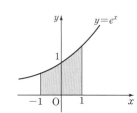

02 그림에서 구하는 넓이는

$$\int_0^9 \sqrt{x}\, dx = \left[\frac{2}{3} x^{\frac{3}{2}}\right]_0^9$$

$$= \frac{2}{3} \times 9^{\frac{3}{2}}$$

$$= \frac{2}{3}(3^2)^{\frac{3}{2}} = 18$$

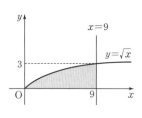

03 그림에서 구하는 넓이는

$$\int_0^\pi \sin x\, dx = \left[-\cos x\right]_0^\pi$$

$$= 1 - (-1)$$

$$= 2$$

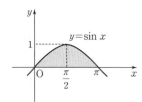

04 $y = \ln x$에서 $x = e^y$

따라서 구하는 넓이는

$$\int_{-1}^1 e^y\, dy = \left[e^y\right]_{-1}^1$$

$$= e - \frac{1}{e}$$

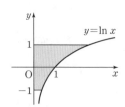

05 곡선 $y = \sin \frac{\pi}{2} x$와 직선 $y = x$의

교점의 x좌표는 $\sin \frac{\pi}{2} x = x$에서

$x = 0$ 또는 $x = 1$ $(\because 0 \le x \le 2)$

따라서 구하는 넓이는

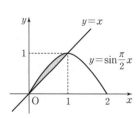

$$\int_0^1 \left(\sin \frac{\pi}{2} x - x\right) dx$$

$$= \left[-\frac{2}{\pi} \cos \frac{\pi}{2} x - \frac{1}{2} x^2\right]_0^1$$

$$= -\frac{1}{2} - \left(-\frac{2}{\pi}\right) = \frac{2}{\pi} - \frac{1}{2}$$

06 $y = \ln x$에서 $y' = \frac{1}{x}$이므로 곡선 위의 점 $(t, \ln t)$에서의

접선의 방정식은

$$y - \ln t = \frac{1}{t}(x - t)$$

이 직선이 원점을 지나므로

$-\ln t = -1$ $\quad \therefore t = e$

즉, 접선의 방정식은

$$y - \ln e = \frac{1}{e}(x - e) \qquad \therefore y = \frac{1}{e} x$$

$y = \ln x,\ y = \frac{1}{e} x$에서

각각 $x = e^y,\ x = ey$이므로

그림에서 구하는 넓이는

$$\int_0^1 (e^y - ey)\, dy = \left[e^y - \frac{e}{2} y^2\right]_0^1$$

$$= \frac{e}{2} - 1$$

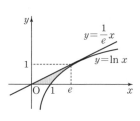

07 두 곡선 $y = \sin x,\ y = \cos x$의

교점의 x좌표는 $\sin x = \cos x$에서

$$x = \frac{\pi}{4}\ (\because 0 \le x \le \pi)$$

따라서 구하는 넓이는

$$\int_0^\pi |\cos x - \sin x|\, dx$$

$$= \int_0^{\frac{\pi}{4}} (\cos x - \sin x)\, dx + \int_{\frac{\pi}{4}}^\pi (\sin x - \cos x)\, dx$$

$$= \left[\sin x + \cos x\right]_0^{\frac{\pi}{4}} + \left[-\cos x - \sin x\right]_{\frac{\pi}{4}}^\pi$$

$$= (\sqrt{2} - 1) + (1 + \sqrt{2}) = 2\sqrt{2}$$

08 그림에서 구하는 넓이를 S라 하면

$$S = \int_{-1}^0 |x\sqrt{1+x}|\, dx = -\int_{-1}^0 x\sqrt{1+x}\, dx$$

이때 $\sqrt{1+x} = t$로 놓으면 $1 + x = t^2$

$x = t^2 - 1$

$$\therefore dx = 2t\, dt$$

또한, $x = -1$일 때 $t = 0$, $x = 0$일 때 $t = 1$

$$\therefore S = -\int_0^1 (t^2 - 1) t \times 2t\, dt = \int_0^1 (2t^2 - 2t^4)\, dt$$

$$= \left[\frac{2t^3}{3} - \frac{2t^5}{5}\right]_0^1 = \frac{2}{3} - \frac{2}{5} = \frac{4}{15}$$

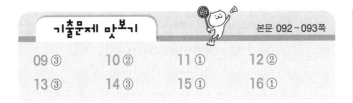
09 곡선 $y=|\sin 2x|+1$과 x축 및 두 직선 $x=\dfrac{\pi}{4}$, $x=\dfrac{5\pi}{4}$로 둘러싸인 부분은 그림과 같다.

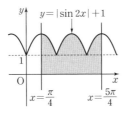

따라서 구하는 넓이는

$$4\int_{\frac{\pi}{4}}^{\frac{\pi}{2}}(\sin 2x+1)dx=4\left[-\frac{1}{2}\cos 2x+x\right]_{\frac{\pi}{4}}^{\frac{\pi}{2}}$$
$$=4\left\{\left(\frac{1}{2}+\frac{\pi}{2}\right)-\left(\frac{\pi}{4}\right)\right\}$$
$$=\pi+2$$

10 $\displaystyle\int_{\ln\frac{1}{2}}^{\ln 2}e^{2x}dx=\left[\frac{1}{2}e^{2x}\right]_{\ln\frac{1}{2}}^{\ln 2}=\frac{1}{2}\left(e^{2\ln 2}-e^{2\ln\frac{1}{2}}\right)$

$$=\frac{1}{2}\left(e^{\ln 4}-e^{\ln\frac{1}{4}}\right)=\frac{1}{2}\left(4-\frac{1}{4}\right)=\frac{15}{8}$$

11 $S=\displaystyle\int_0^1 x\ln(x^2+1)dx$

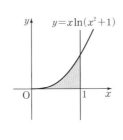

$x^2+1=t$로 치환하면 $2xdx=dt$

$$S=\int_1^2 \frac{1}{2}\ln t\,dt$$
$$=\left[\frac{1}{2}t\ln t-\frac{1}{2}t\right]_1^2$$
$$=\ln 2-\frac{1}{2}$$

12 두 함수 $y=2^x-1$, $y=\left|\sin\dfrac{\pi}{2}x\right|$의 교점은 $(0,\,0)$, $(1,\,1)$이다.

이때 $0\le x\le 1$에서 $\sin\dfrac{\pi}{2}x\ge 2^x-1$이므로

두 곡선 $y=2^x-1$, $y=\left|\sin\dfrac{\pi}{2}x\right|$로 둘러싸인 부분의 넓이는

$$\int_0^1\left\{\sin\frac{\pi}{2}x-(2^x-1)\right\}dx$$
$$=\int_0^1\left(\sin\frac{\pi}{2}x-2^x+1\right)dx$$
$$=\left[-\frac{2}{\pi}\cos\frac{\pi}{2}x-\frac{2^x}{\ln 2}+x\right]_0^1$$
$$=\left(-\frac{2}{\ln 2}+1\right)-\left(-\frac{2}{\pi}-\frac{1}{\ln 2}\right)$$
$$=\frac{2}{\pi}-\frac{1}{\ln 2}+1$$

13 $\displaystyle\int_0^{\frac{\pi}{12}}\cos 2xdx=2\times\frac{\pi}{12}\times a=\frac{\pi}{6}a$

$$\int_0^{\frac{\pi}{12}}\cos 2xdx=\left[\frac{1}{2}\sin 2x\right]_0^{\frac{\pi}{12}}=\frac{1}{2}\sin\frac{\pi}{6}=\frac{1}{4}$$

이므로

$$\frac{\pi}{6}a=\frac{1}{4}\qquad\therefore a=\frac{1}{4}\times\frac{6}{\pi}=\frac{3}{2\pi}$$

14 그림에서 함수 $y=e^x$ 그래프와 x축, y축 및 직선 $x=1$로 둘러싸인 영역의 넓이는

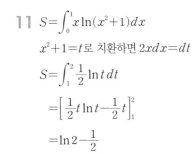

$$\int_0^1 e^xdx=\left[e^x\right]_0^1=e-1$$

이등분된 영역 중 직선 $y=ax$의 아래 부분의 넓이는

$$\frac{1}{2}\times 1\times a=\frac{1}{2}(e-1)\qquad\therefore a=e-1$$

15 직선 $y=2$와 곡선 $y=2\sqrt{2}\sin\dfrac{\pi}{4}x$의 교점의 x좌표는

$2=2\sqrt{2}\sin\dfrac{\pi}{4}x$에서 $\sin\dfrac{\pi}{4}x=\dfrac{\sqrt{2}}{2}$

$\therefore x=1$ 또는 $x=3$ $(\because 0\le x\le 4)$

따라서 구하는 넓이는

$$\int_1^3\left(2\sqrt{2}\sin\frac{\pi}{4}x-2\right)dx$$
$$=\left[-2\sqrt{2}\times\frac{4}{\pi}\cos\frac{\pi}{4}x-2x\right]_1^3$$
$$=\left\{-2\sqrt{2}\times\frac{4}{\pi}\times\left(-\frac{\sqrt{2}}{2}\right)-6\right\}-\left(-2\sqrt{2}\times\frac{4}{\pi}\times\frac{\sqrt{2}}{2}-2\right)$$
$$=\frac{8}{\pi}-6+\frac{8}{\pi}+2=\frac{16}{\pi}-4$$

16 A의 넓이와 B의 넓이가 같으므로 두 직선 $y=-2x+a$와 $x=1$ 및 x축, y축으로 둘러싸인 영역의 넓이와 곡선 $y=e^{2x}$과 직선 $x=1$ 및 x축, y축으로 둘러싸인 영역의 넓이가 같다.

두 직선 $y=-2x+a$와 $x=1$ 및 x축, y축으로 둘러싸인 영역의 넓이는

$$\int_0^1(-2x+a)dx=\left[-x^2+ax\right]_0^1=-1+a$$

곡선 $y=e^{2x}$과 직선 $x=1$ 및 x축, y축으로 둘러싸인 영역의 넓이는

$$\int_0^1 e^{2x}dx=\left[\frac{1}{2}e^{2x}\right]_0^1=\frac{e^2-1}{2}$$

$$-1+a=\frac{e^2-1}{2}\qquad\therefore a=\frac{e^2+1}{2}$$

17 그림에서 구하는 넓이는

$$\int_{-1}^{0} |e^x-1|\,dx = \int_{-1}^{0} (1-e^x)\,dx$$

$$= \left[x-e^x \right]_{-1}^{0}$$

$$= -1-(-1-e^{-1})$$

$$= e^{-1}$$

$$= \frac{1}{e}$$

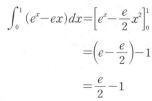

18 $y=2\sin x\cos x=\sin 2x$

구간 $[0, \pi]$에서 함수 $y=\sin 2x$의 그래프와 x축으로 둘러싸인 부분의 넓이는 그림과 같다.

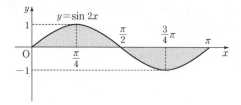

이때 두 부분의 넓이가 같으므로 구하는 넓이는

$$\int_{0}^{\pi} |\sin 2x|\,dx = 2\int_{0}^{\frac{\pi}{2}} \sin 2x\,dx$$

$$= 2\left[-\frac{1}{2}\cos 2x \right]_{0}^{\frac{\pi}{2}}$$

$$= 2\left(\frac{1}{2}+\frac{1}{2} \right)$$

$$= 2$$

19 곡선 $y=\sqrt{x}$와 직선 $y=ax$의 교점의 x좌표는

$\sqrt{x}=ax$에서

$x=a^2x^2$, $x(a^2x-1)=0$

$\therefore x=0$ 또는 $x=\dfrac{1}{a^2}$

따라서 그림에서 구하는 넓이는

$$\int_{0}^{\frac{1}{a^2}} (\sqrt{x}-ax)\,dx$$

$$= \left[\frac{2}{3}x^{\frac{3}{2}}-\frac{a}{2}x^2 \right]_{0}^{\frac{1}{a^2}}$$

$$= \frac{2}{3a^3}-\frac{1}{2a^3}=\frac{1}{6a^3}$$

즉, $\dfrac{1}{6a^3}=\dfrac{4}{3}$이므로 $a^3=\dfrac{1}{8}$ $\therefore a=\dfrac{1}{2}$ $(\because a>0)$

20 $2x=t$로 놓으면 $2dx=dt$이고,

$x=0$일 때 $t=0$, $x=2$일 때 $t=4$

$$\therefore \int_{0}^{2} f(2x)\,dx = \frac{1}{2}\int_{0}^{4} f(t)\,dt$$

$$= \frac{1}{2}\left\{ \int_{0}^{3} f(x)\,dx+\int_{3}^{4} f(x)\,dx \right\}$$

$$= \frac{1}{2}\{6+(-2)\}=2$$

21 $S_1=S_2$이므로 $\displaystyle\int_{0}^{\ln 5} (e^x-a)\,dx=0$이어야 한다.

$$\therefore \int_{0}^{\ln 5} (e^x-a)\,dx = \left[e^x-ax \right]_{0}^{\ln 5}$$

$$= (e^{\ln 5}-a\ln 5)-1$$

$$= 4-a\ln 5=0$$

$$\therefore a=\frac{4}{\ln 5}$$

22 $f(x)=e^x$으로 놓으면 $f'(x)=e^x$이므로

곡선 $y=e^x$ 위의 점 $(1, e)$에서의 접선의 방정식은

$y-e=e(x-1)$ $\therefore y=ex$

따라서 구하는 넓이는

$$\int_{0}^{1} (e^x-ex)\,dx = \left[e^x-\frac{e}{2}x^2 \right]_{0}^{1}$$

$$= \left(e-\frac{e}{2} \right)-1$$

$$= \frac{e}{2}-1$$

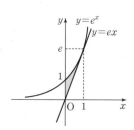

23 두 곡선 $y=e^x$, $y=e^{2x}$의 교점의 x좌표는

$e^x=e^{2x}$에서 $x=2x$

$\therefore x=0$

따라서 구하는 넓이는

$$\int_{-1}^{1} |e^x-e^{2x}|\,dx$$

$$= \int_{-1}^{0} (e^x-e^{2x})\,dx+\int_{0}^{1} (e^{2x}-e^x)\,dx$$

$$= \left[e^x-\frac{1}{2}e^{2x} \right]_{-1}^{0}+\left[\frac{1}{2}e^{2x}-e^x \right]_{0}^{1}$$

$$= \left(\frac{1}{2}-\frac{1}{e}+\frac{1}{2e^2} \right)+\left(\frac{e^2}{2}-e+\frac{1}{2} \right)$$

$$= \frac{e^2}{2}-e-\frac{1}{e}+\frac{1}{2e^2}+1$$

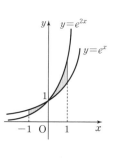

24 구하는 넓이는 그림에서 어두운 부분의 넓이이다.

이때 구하는 부분의 넓이는 네 점 $(0, 0)$, $(1, 0)$, $(1, e)$, $(0, e)$를 꼭짓점으로 하는 직사각형의 넓이에서 곡선 $y=xe^x$과 x축 및 직선 $x=1$로 둘러싸인 부분의 넓이를 제외하면 된다.

따라서 구하는 넓이는

$$1\times e-\int_{0}^{1} xe^x\,dx = e-\left(\left[xe^x \right]_{0}^{1}-\int_{0}^{1} e^x\,dx \right)$$

$$= e-\left\{ (e-0)-\left[e^x \right]_{0}^{1} \right\}$$

$$= e-\{e-(e-1)\}$$

$$= e-1$$

아름다운 샘 BOOK LIST

개념기본서   수학의 기본을 다지는 최고의 수학 개념기본서

❖ 수학의 샘

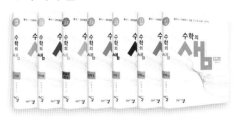

- 수학(상)
- 수학(하)
- 수학 I
- 수학 II
- 확률과 통계
- 미적분
- 기하

Total 내신문제집   한 권으로 끝내는 내신 대비 문제집

❖ Total 짱

- 수학(상)
- 수학(하)
- 수학 I
- 수학 II
- 확률과 통계
- 미적분

문제기본서   {기본, 유형}, {유형, 심화}로 구성된 수준별 문제기본서

❖ 아샘 Hi Math

- 수학(상)
- 수학(하)
- 수학 I
- 수학 II
- 확률과 통계
- 미적분
- 기하

❖ 아샘 Hi High

- 수학(상)
- 수학(하)
- 수학 I
- 수학 II
- 확률과 통계
- 미적분

수능 기출유형 문제집   수능 대비하는 수준별·유형별 문제집

❖ 짱 쉬운 유형 / 확장판

- 수학 I
- 수학 II
- 확률과 통계
- 미적분
- 기하

- 수학 I
- 수학 II
- 확률과 통계

❖ 짱 중요한 유형

- 수학 I
- 수학 II
- 확률과 통계
- 미적분
- 기하

❖ 짱 어려운 유형

- 수학 I
- 수학 II
- 확률과 통계
- 미적분

중간·기말고사 교재   학교 시험 대비 실전모의고사

❖ 아샘 내신 FINAL (고1 수학, 고2 수학 I , 고2 수학 II)

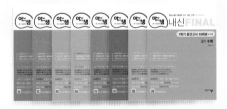

- 1학기 중간고사
- 1학기 기말고사
- 2학기 중간고사
- 2학기 기말고사

수능 실전모의고사   수능 대비 파이널 실전모의고사

❖ 짱 Final 실전모의고사

- 수학 영역

예비 고1 교재   고교 수학의 기본을 다지는 참 쉬운 기본서

❖ 그래 할 수 있어

- 수학(상)   • 수학(하)

내신 기출유형 문제집   내신 대비하는 수준별·유형별 문제집

❖ 짱 쉬운 내신

- 수학(상)
- 수학(하)

❖ 짱 중요한 내신

- 수학(상)
- 수학(하)

2점짜리+쉬운 **3점짜리**

짱 쉬운 유형

아름다운샘 참고서 시리즈

개념기본서
수학의 샘

Total 내신문제집
Total 짱

수능 실전모의고사
짱 Final
실전모의고사

펴낸이 (주)아름다운샘
펴낸곳 (주)아름다운샘
등록번호 제324-2013-41호
주소 서울시 강동구 상암로 257, 진승빌딩 3F
전화 02-892-7878
팩스 02-892-7874

짱 시리즈 교재
사용 후기 공모

짱 시리즈 교재의 사용 후기를 작성해 보내주시면 상품을 드립니다.

응모 대상 : 짱 시리즈 교재 사용자(고2 및 고3 학생, 재수생, 교사, 강사)

응모 접수 : assam7878@hanmail.net

시상 내역 : ▶채택자 – 모바일상품권 10만 원권
「채택된 글은 짱 시리즈 교재에 수록」
▶응모자 전원 – 모바일상품권 1만 원권

응모 방법 : 첫째, 한글 파일에서 A4 규격으로 0.5쪽(20줄) 정도 분량의 성적 향상의 글을 작성합니다.(글자 크기 10pt)
둘째, 이메일에 개인 정보(이름, 연락처, 소속 등)을 적은 후, 작성한 한글 파일을 첨부하여 발송합니다.

<1차 공모> ....

응모 기한 : 2024년 10월 11일 (금)까지

채택 발표 : 2024년 10월 30일 (수), 개별 통지

<2차 공모> ....

응모 기한 : 2024년 11월 22일 (금)까지

채택 발표 : 2024년 12월 11일 (수), 개별 통지

아름다운 샘 에서 장학금을 드립니다.

수학의 샘 시리즈를 통하여 얻어지는 저자 수익금 중 10%를 열심히 공부하고자 하나
형편이 어려운 학생들을 위하여 장학금으로 지급하고자 합니다.

| 접수방법

하나. 주위에 열심히 공부하고자 하나 형편이 어려운 학생(고1, 고2 대상)을 찾습니다.

둘. 그 학생의 인적사항(성명, 학교, 전화번호)을 알아내어 학교 수학선생님께 달려가 추천서를 받습니다.

셋. 우편 또는 메일을 통해 인적사항과 추천 사유를 적고 추천서를 첨부하여 아름다운샘으로 보냅니다.

| 접수처

주소 (05272) 서울시 강동구 상암로 257, 진승빌딩 3F

수학의 샘 시리즈 담당자 앞

e-mail assam7878@hanmail.net

※소정의 심사를 거쳐 선정된 학생에게 장학금을 지급하고자 합니다.

※제출된 서류는 심사 후 폐기 처분합니다.